U0628439

# 环境心理学的
# 体系及其应用研究

程 麟 著

中国水利水电出版社
www.waterpub.com.cn
·北京·

## 内 容 提 要

　　本书以理论联系实际的思想为指导,在厘清环境心理学理论体系的基础上,研究环境心理学的应用。全书内容包括环境与环境心理学认知、环境知觉与环境认知研究、环境压力与环境危害研究、环境态度与环境行为研究、私密性及其实现研究、领域性与个人空间研究、密度与拥挤感研究、噪声及其控制研究、环境心理学在设计中的应用。

　　本书结构清晰,内容全面,语言简单凝练,适合城市规划、环境设计、环境保护以及以普通心理学为基础框架的应用型心理学专业人员使用。

## 图书在版编目(CIP)数据

　　环境心理学的体系及其应用研究/程麟著. —北京:
中国水利水电出版社,2019.9　(2024.10重印)
　　ISBN 978-7-5170-7936-1

　　Ⅰ.①环…　Ⅱ.①程…　Ⅲ.①环境心理学－研究
Ⅳ.①B845.6

　　中国版本图书馆 CIP 数据核字(2019)第 185678 号

| 书　　名 | 环境心理学的体系及其应用研究 |
| --- | --- |
| | HUANJING XINLIXUE DE TIXI JI QI YINGYONG YANJIU |
| 作　　者 | 程 麟 著 |
| 出版发行 | 中国水利水电出版社 |
| | (北京市海淀区玉渊潭南路 1 号 D 座 100038) |
| | 网址:www.waterpub.com.cn |
| | E-mail:sales@waterpub.com.cn |
| | 电话:(010)68367658(营销中心) |
| 经　　售 | 北京科水图书销售中心(零售) |
| | 电话:(010)88383994、63202643、68545874 |
| | 全国各地新华书店和相关出版物销售网点 |
| 排　　版 | 北京亚吉飞数码科技有限公司 |
| 印　　刷 | 三河市华晨印务有限公司 |
| 规　　格 | 170mm×240mm　16 开本　16.5 印张　214 千字 |
| 版　　次 | 2019 年 10 月第 1 版　2024 年 10 月第 3 次印刷 |
| 印　　数 | 0001—2000 册 |
| 定　　价 | 80.00 元 |

# 前　言

　　我国是人口大国,在国家建设的过程中,资源的可持续发展与社会经济建设的快速发展很容易产生矛盾,导致各种环境问题产生。党中央、国务院高度重视环境保护工作,提出了建设生态文明、资源节约型和环境友好型社会的理念,并不断制定各项政策推动我国环境保护工作的有序开展。在科学发展的理念下,我国环境保护工作成效显著,在经济增长超过预期的同时,主要污染物减排任务正在稳步推进,环境质量持续改善。

　　环境保护工作的科学发展除了坚持正确的理念、施行减排防污等有效措施外,还需要坚实的科学理论作为支撑。在研究环境学的过程中,人们逐渐发现,人是环境中最活跃的因素。人类既是创造环境的主体,也是影响环境的客体,同时还具有缜密细微、无比广阔的精神世界,以及复杂的内心活动,这些因素都会直接影响环境保护工作的开展。其中,研究人与环境的关系,分析人们对大城市的生活条件的反应,如噪声、相对密集的人口以及越来越大的危害风险对大城市居民有什么影响,探讨人与环境的最优化的环境心理学逐渐兴起。环境心理学是一门新兴的综合性学科,与多门学科,如医学、心理学、环境保护学、社会学、人体工程学、人类学、生态学以及城市规划学、建筑学、室内环境学等学科关系密切。这门学科非常重视生活于人工环境中的人们的心理倾向,把选择环境与创建环境相结合,着重研究下列问题:环境和行为的关系;怎样进行环境的认知;环境和空间的利用;怎样感知和评价环境;在已有环境中人的行为和感觉。这些问题的探讨对我们把握人与环境的关系,并根据这一关系开展科学合理的环境保护工作十分有利,近年来已经成为学术研究的一个热点问题。因此,作者撰写了《环境心理学的体系及其应用研究》一书,以理论联系实际的思想为指导,在厘清环境心理学的理论体系的基础上,研究环境心理学的应用。

全书共九章,第一章以环境和人的关系为线索引出环境心理学,并对该学科的基础知识进行了阐述,起了总领全书的作用。第二章至第八章是对环境心理学理论体系的分析,主要从环境知觉与环境认知、环境压力与环境危害、环境态度与环境行为、私密性及其实现、领域性与个人空间、密度与拥挤感、噪声及其控制这几方面系统地展示了环境心理学的研究内容,建立了环境心理学研究的体系框架。值得注意的是,这几章的内容虽然主要探讨的是环境心理学的理论知识,但在分析的过程中,作者依然遵循理论联系实践的思想,对其具体实践内容做了阐述。第九章是环境心理学在设计中的应用,从居住环境设计、教育环境设计、公共环境设计三个层面入手,呼应了环境心理学最终要落实到实践中去的观点,是对该学科应用的阐述与分析。

本书主要有以下特点:

第一,全书以理论联系实践为指导思想。无论是在阐述环境心理学基础理论的过程中,还是在分析环境心理学的具体应用的过程中,都以理论知识为基点研究实践应用,因此具有很强的实用性。

第二,本书结合环境心理学研究的具体情况撰写。在环境心理学的研究中,个人空间、拥挤、私密性和领域性的研究是一个重要的研究方向,本书对这部分内容进行了具体分析,在分析的过程中还注意结合当前的实际情况,因此具有较强的可读性。

本书在撰写的过程中,参考了国内外一些学者的研究观点和成果,在此一并表示真诚的感谢。限于作者的视野和水平,本书必定存在疏漏之处,恳请读者批评指正,以便本书日后进一步的完善。

作 者

2019 年 3 月

# 目　录

# 第一章　环境与环境心理学认知

环境即周围的境况。相对于人而言,环境可以说是围绕着人们,并对人们的行为产生一定影响的外界事物。人与环境既相互依存,又相互制约,人类生产生活依赖于环境,同时又不断改造着环境。环境本身具有一定的秩序、模式和结构,可以认为环境是一系列有关的多种元素和人的关系的结合。人们既可以使外界事物产生变化,而这些变化了的事物,反过来又会对行为主体的人产生影响。环境心理学非常重视生活于人工环境中人们的心理倾向,把选择环境与创建环境相结合,关注环境和行为的关系、怎样进行环境的认知、环境和空间的利用、怎样感知和评价环境、在已有环境中人的行为和感觉等方面的研究。以下就环境与环境心理学认知进行阐述。

## 第一节　环境及其与人的关系

### 一、环境的概念及其要素

#### (一)环境的概念

《中华人民共和国环境保护法》从法学的角度对环境概念进行了全面而严谨的阐述:"本法所称环境是指影响人类生存和发展的各种天然的和经过人工改造的自然因素的总体,包括大气、水、海洋、土地、矿藏、森林、草原、野生生物、自然遗迹、人文遗迹、风景名胜区、自然保护区、城市和乡村等。"

我们这里所讲的环境通常是指围绕主体的自然环境要素,即个体周围所在的条件。人类环境是以人类为中心的外部条件的总和,是人类和生物赖以生存的空间及其所包含的各种因素。人类环境为人类提供赖以生存的空气、食物、水等各种物质环境基础,同时也为人类提供在智力、道德、社会和精神等方面获得发展的社会环境基础。

### (二)环境的要素

环境是由不同因素构成的一个整体,按其属性可将环境的要素分为化学因素、物理因素、生物因素和社会-心理因素。

#### 1.化学因素

人类生存的环境中有天然形成和人工合成的各种有机和无机化学物质。原生环境中天然形成的包括各种元素及其化合物、天然存在的生物毒素,人工合成的有各种工业化学品、农药、食品添加剂、化妆品等。一般情况下,环境中的化学物质组成是相对稳定的,既满足人体正常生理机能所需,也保证人类正常活动,但由于地震、火山爆发、台风、洪水等自然原因,特别是人类生产活动造成的污染可使局部环境的化学组成发生明显的改变。化学物质在创造人类高度物质文明的同时,也给人类健康带来不可低估的损害。

#### 2.物理因素

人们在日常生活和生产环境中会接触到很多物理因素,如气温、湿度、气压、声波、振动、辐射(电离辐射与非电离辐射)等。在自然状态下物理因素一般对人体无害,有些还是人体生理活动必需的外界条件,但强度增加和(或)接触时间过长时,就会对机体的不同器官和(或)系统功能产生危害。

#### 3.生物因素

自然界是一个以生物体为主的有机和无机构成的整体,生物体包括动物、植物、真菌、细菌、病毒等,它们构成自然环境中的生物因素。各种生物之间相互依存、相互制约,并不断进行物质能量和信息的交换。

### 4.社会-心理因素

社会因素一般包括社会制度、社会文化、社会经济水平等,它影响人们的收入和开支、营养状况、居住条件和受教育的机会等。心理因素是指在特定的社会环境条件下,导致人们在社会行为方面乃至身体、器官功能状态产生变化的因素。

由于社会环境的变动常会影响个体的心理和躯体的健康,心理因素又常与社会环境密切相关,因而常称为社会-心理因素。

## 二、人与环境相互作用的关系

同为地球上的生命,人和环境的相互作用及关系与动物是不同的。动物利用环境主要表现为择地而居,当自然条件遭到破坏时便难以生存下去。而人对环境的利用几乎没有任何限制。人类在不断地适应环境、改造环境,环境又为人类提供了生命物质和生活、生产场所。长期以来,人与环境成为相互依存、相互影响、共同演进的对立统一的整体,人与环境的关系主要体现在下列四个方面。

### (一)人与环境之间物质的统一性

在人类生态环境中,人和环境之间不断地进行着物质、能量、信息交换,保持着动态平衡而成为不可分割的整体,从而实现了人与环境的统一。一方面,人体从周围的自然环境中摄取各种必需的营养物质,产生能量供机体生长发育,以及为人提供各种生理活动和劳动所需;另一方面,机体在代谢过程中产生的许多分解产物通过不同途径排入周围环境。人类同自然界长期接触,使机体与环境在物质上达到统一与平衡。

### (二)人对环境有较强的适应性

在人类长期进化发展过程中,各种环境条件是经常变动的,人体对环境的变化形成一定的调节功能以适应环境状态的变动。人类大约在百万年前出现。从第一天起,人类就必须在已存在于地球上的几百万物种中寻求生存的空间。这一时期,人类以适应自然为目的,防御是这个阶段主要的反应方式。随后,人类开始为改善自己的生活而开发和利用自然。在争夺食物和生存空间的竞争中,人类逐渐占据上风,在其他竞争者面前掌握了绝对的优势,开始追求生活的舒适和方便,从而滥用甚至破坏自然。这些行为远远超出其生理需要和生存目的。也许为了提高生存质量,人类的力量常常体现在改造环境上,把自然环境转变为新的生存环境。这种新的生存环境有可能更适合人类生存,但也有可能恶化人类原有的生存环境。

人类和其他生物已形成了一种与自然环境变化相互协调统一的对应关系。但人体对环境变化的这种适应能力是有一定限度的,如果环境条件发生剧烈的异常变化(如气象条件的剧变,自然的或人为的污染等)超越了人类正常的生理调节范围,就会引起人体某些功能、结构发生异常反应,使人体产生疾病甚至造成死亡。

### (三)人与环境之间作用的双向性

人类为了更好地生存和发展,不断建设水利、开垦良田、建造城市,并且形成文明。在这个过程中,人类利用和改造环境的能力空前提高,规模逐渐扩大,创造了巨大的物质财富,但也出现了一定的负面效应,如水资源严重短缺、可耕地面积不断减少等,人类赖以生存的自然环境正处于危机之中。这足以说明人类在改造环境的同时,也受到自然环境的反作用和惩罚。

### (四)环境因素对人体健康影响的双重性

环境中存在的很多自然因素对人体健康的效应往往呈现"有利"与"有害"的双重作用。例如,清洁和成分正常的空气、水和土壤,充足的阳光照射和适宜的气候,优美的植被,秀丽的风光,舒适优雅的居住条件等,这些都是人类和其他生物能够很好地在地球上生存的根本条件。同时,在我们的生存环境中也存在一些对人体健康和生存不利的因素,如严寒酷暑等恶劣的气候条件、土壤和饮水中某些化学元素含量异常、过度的紫外线照射等。

人是要适应环境的,但又不能一味地适应环境。自主的人要意识到对于环境的适应具有工具性,是保护自己和为自己做事营造良性环境的工具。社会学意义上成功的人,就是对环境的积极变化作出贡献的人。在微观的意义上,人与环境的关系取决于人的态度。在这里,人的态度包括两个方面,一方面是人对自身的态度,另一方面是人对环境的态度。人对自身的态度,取决于自我评价,自信的人和自卑的人,与环境的关系情形截然不同,而自我评价的情形,取决于一个人的生存质量。人对环境的态度,取决于在人与环境的互动中,人获得了怎样的回馈。随着个体主体性的提高和主体能力的增强,人在与环境的关系中是可以占据优势地位的,也就是可以更多地展示出主动的一面。这种主动并不是人在环境中可以为所欲为,而是表现为人可以通过调整自己的状态,形成一定的与环境的关系。主体性的提高可以使自我意识显著化,进而让人虽然在身体上无法从环境中脱离,却可以在心理上与环境保持一定的距离。这种距离的存在,是可以提升人的生命层次的。较之过度地屈从于环境和跟环境不讲策略地对抗,与环境在心理上保持一定的距离也许是一种生活的智慧。

## 三、中外文化对人与环境关系的认识

### (一)中国传统文化对人与环境关系的认识

#### 1. 儒家人与自然和谐的价值观

先秦儒家认为,世界是一个有着客观规律的有机整体,人是其中的一部分;在充分发挥人的主观能动性的同时,必须尊重自然规律,实现可持续发展。自然界是一个生生不息的自在和谐系统,"天地之大德曰生",天地(自然系统)是一个生生不息的创造万物的过程。人是万物之灵,自然进化的最高成果。自然生物具有多样性,遵循着不同的生存法则,倡导长虑顾后而保万世的环境行为。《荀子·致士》曰:"川渊深而鱼鳖归之,山林茂而禽兽归之。""川渊者,龙鱼之居也,山林者,鸟兽之居也,川渊枯则龙鱼去之,山林险则鸟兽去之。"《荀子·劝学》言:"树成荫而众鸟息焉。"《礼记·乐记》也言:"土敝则草木不长,水烦则鱼鳖不大。"既然自然生物要求的生态条件各不相同,那么人类就应该依据自然规律,维护生态环境的多样性、稳定性、完整性。

## 2.道家自然主义的价值观

老子为道家思想创始人。老庄哲学中所蕴含的"天人合一"的自然主义思想是道家思想的核心内容与核心价值。自然首先是指自然而然的原则,其后具有自然界的含义。道家从人与自然和谐共存、人是自然界密不可分的一部分的立场来看待自然,认为人与自然息息相通、和谐共存,人与自然本质同源,人类应该遵循自然规律。

在追求经济繁荣、物质丰盈的当代社会,人与自然的和谐早已被破坏至极。反思中国传统文化中强调人与自然一体、人与自然和谐的环境价值观,对解决现代人因"重物质轻精神"而带来的环境恶化的问题,仍具有重要意义。

## (二)西方哲学对人与环境关系的认识

西方传统思想对人与自然的看法持主—客二元分离观,将环境与人相对立,认为人对环境的认识决定了环境的存在。

古希腊哲学家普罗泰戈拉提出了"人是万物的尺度"这一著名命题。他认为,人是万物的尺度,是存在的事物存在的尺度,也是不存在的事物不存在的尺度。从人与环境的关系看,普罗泰戈拉命题的最根本意义在于确立了人的自我中心化结构,并把作为客体的对象从属于人。古希腊晚期的斯多亚学派也有以人为宇宙中心的思想。克里西波斯认为,宇宙是诸神和人以及一切为造福他们而存在的东西。因为诸神和人是理性的生物,一切低级的生存形式皆为高级的生存形式而存在。因此,人在一切动物之上的优势是与后者为了人的缘故而存在相适应的。

近代哲学家笛卡儿提出了"我思故我在"的著名命题,自觉确立起理性自我的中心地位,他的二元论哲学立场也为主—客体关系这一知识论框架奠定了内在基础。从某种意义上说,笛卡儿哲学乃是西方文化传统在近代的复兴和再现,它规定了近代以来西方文化中人与环境关系问题上的基本趋向。

主客二分结构的理念,使人与环境的关系带有了敌对的性质。

马克思明确指出:"人创造环境,同样环境也创造人。"马克思指出了人与环境之间的互动关系,揭示了消解人与环境之间悖论的契机和基础——实践。在人与自然环境的关系维度上,人的实践表现为人和自然之间的物质变换过程。在人与自然的关系上,人之所以比动物强,就在于人能够认识和掌握自然界的客观规律性,这就为人们能动地变革和利用自然界提供了可能。

## 第二节　环境心理学的界定及其发展演变历程

### 一、环境心理学的界定

环境心理学从 20 世纪 60 年代晚期开始成为心理学的一个领域,是心理学中比较新的领域。环境心理学与心理学的其他领域,特别是社会心理学,以及与工效学、建筑学、美学、环境科学、区域规划等内容交叉融合,因此很难界定其内涵和外延。不过,仍有许多学者尝试着界定环境心理学这样一门学科。例如,贝尔、费希尔和卢密斯在他们第一版的《环境心理学》教科书中指出："环境心理学研究行为与人造和自然环境之间的相互关系。"霍拉汉也做出相似的描述："环境心理学研究物理环境和人类行为及经验之间的相互关系。"普罗夏斯基更加明确地提出："环境心理学是关注人与环境的相互作用和相互关系的学科。"

总之，环境心理学更多地强调物理环境，但随着人们对环境的干预程度的增加，使得人们不得不注意或由于行为自由受到约束而不得不觉察到环境的某些方面，而人们就会对这种环境存有反作用。环境心理学着重从心理学和行为的角度，探讨人与环境的最优化，即怎样的环境是最符合人们心愿的。环境心理学非常重视生活于人工环境中人们的心理倾向，把选择环境与创建环境相结合，着重研究下列问题：环境和行为的关系；怎样进行环境的认知；环境和空间的利用；怎样感知和评价环境；在已有环境中人的行为和感觉。

我们也可以从环境心理学独特的方面界定这门学科。为了帮助我们对这门学科有更感性的认识，我们可以看一看环境心理学研究的主题。环境心理学探讨广泛的问题，如大气环境，包括温度、湿度、风甚至空气中的离子浓度如何影响人类，家居和办公环境的建筑特征怎样影响行为等。由于强调环境和人的相互作用、相互关系，那么，如果将环境和行为割裂开，就很难理解这种相互影响。因此，环境心理学将环境-行为及其关系作为一个单元整体来研究。

尽管我们有时习惯于将一些心理学分支说成是应用取向的，另一些分支是基础理论取向的，但对环境心理学的研究而言，则相对缺乏这种应用和基础理论的区分，它是问题指向的。对具体问题，如 20 世纪 80 年代以来噪声等环境污染问题及空间拥挤问题日益突出。在研究中，不仅要寻求问题的解决，也要力求寻找问题背后的规律性，建立起理解相似问题的理论框架。另外，从方法学的角度来说，环境心理学家采用综合的和折中的方法，而且由于环境心理学研究的自变量，往往是其他学科研究中需要控制和消除的"环境",研究方法除常规的方法,还要采用自我报告法、档案法和观察法等。

## 二、环境心理学的发展演变历程

环境心理学尽管没有一个类似于开幕式的开端,但很长时间以来,一直有心理学家、建筑师、社会科学家们对环境与行为的关系感兴趣。围绕着生物与环境、环境与行为这类主题,我们可以从相关学科中追根溯源。

在探讨生物与环境的相互关系方面,早在 18 世纪末,英国经济学家马尔萨斯就提出人口增长与生产增长的关系,认为必须要控制人口扩张,否则就没有足够的生产资料维持人类的生存和发展。这表明环境并不能无限制地满足人类的需求。

19 世纪后半叶,德国动物学家海克尔将生物与环境关系的研究定义为一个新的学科领域——生态学,它探讨个体、种群、群落、社会、生态之间的相互作用。而将问题具体限定为人类的行为与作为环境的区域社会结构关系等的学科,则是派克提出的人类生态学,它重视环境的影响是很自然的。生理学家的研究不断证明,环境中的物理刺激(如光、压力、声音等)对人的感觉有显著影响。这些研究都是人们关注环境与行为相互作用的结果,当然也成为环境心理学的基础。

德国的海尔帕赫是早期引入"环境心理学"这个概念的研究学者之一(20 世纪前半叶)。海尔帕赫研究了不同的环境特征物如颜色和形态、太阳和月亮等,以及极端环境对人类活动产生的影响。在他后期的文章中,他还研究了城市现象,如拥挤和过度感官刺激,同时还区分了不同类型的环境,如自然环境、社会环境、历史文化环境等。虽然海尔帕赫研究的都是环境心理学领域的典型问题,而且从 20 世纪 60 年代就得到了应用,但是那时的环境心理学仍称不上是一门系统研究人与环境交互活动的独立学科。

　　布伦瑞克和勒温被誉为环境心理学的"鼻祖"。他们虽然没有做环境心理学的实证研究，但是他们的思想，如物质环境和心理过程之间的交互，以及研究真实生存环境下而不是虚拟环境下的个人行为，这些都影响了后来对人与环境交互活动的研究。布伦瑞克最先提出心理学应该重视有机生态环境的属性，就如同自然环境对有机生物的关注一样。他坚信物质环境会同时影响心理过程。勒温同样认为研究是现实世界中的社会问题所驱动的。他引入了"社会行为研究"这个概念，包含了一种非还原论者的问题聚焦方法，将理论应用于实践，因此强调了用研究解决社会问题的重要性。此外，布伦瑞克和勒温将环境定义为行为的决定因素。勒温认为行为实际上是人与环境构成的公式。他更关注社会的或个人之间的影响而非物质环境的影响。

　　20 世纪 40 年代后期到 50 年代，随着一些先导性研究的介入，对客观环境和心理过程的系统研究开始慢慢增多起来，如工作绩效的人为因素、家中的照明设施，以及自然环境中的儿童行为。

　　尽管许多研究都涉及环境对人类行为的影响，但环境心理学这一名称直到 20 世纪 60 年代初才出现。当时，一些研究者发现，医院墙壁的颜色、家具的陈设，或病人个人空间的变化都影响着治疗的效果，于是在美国医院联合会会议（1964 年）上正式提出了"环境心理学"这一术语。这一时期，哈佛大学、麻省理工学院相继开设了环境心理学的课程，1968 年纽约市立大学开始招收环境心理学的博士研究生。此后，宾州州立大学开始招收"人与环境关系"博士生。同年，"环境设计研究学会"成立，并于次年召开了第一次大会，《环境与行为》杂志同时创刊。1970 年，第一本环境心理学教材出版。1980 年，日美"行为与环境相互作用"学术研讨会在日本东京召开，借此机会，日本也成立了"人-环境研究学会"。1981 年欧洲成立了"国际人类及其物理环境研究学会"，每年召开一次会议，同时创办了环境心理学杂志。美国心理学会1978 年正式成立人口与环境心理学分会（第 34 分会）。国际应用心理学联合会也成立了"环境心理学"分部。上述众多学术事件的发生,表明一个新的心理学分支学科的出现得到了学术界的认可。

一般认为作为心理学一个分支的环境心理学诞生于 20 世纪 70 年代初,距今已有 40 多年的历史。

# 第三节　环境心理学的理论基础

环境心理学是研究人们怎样受环境的影响,以及人类对环境的影响和反应。环境心理学的目的在于解决人和环境之间存在的问题。但是,要研究就必须有一个好的理论作基础。然而,由于各研究者的兴趣和研究重点不同,所以形成了不同的理论假设。以下就几种主要的理论,以及中国民间风水文化理论进行阐述。

## 一、环境-行为理论

环境—行为理论具体包括唤醒理论、刺激超负荷理论、刺激不足理论、行为局限理论、适应水平理论、生态心理学理论。其中,唤醒理论、刺激超负荷理论将在本书后面章节进行阐述,这里不再展开。

### (一)刺激不足理论

按照环境负荷理论的观点,一些环境由于刺激过多容易引发人们的不良行为和情感。然而,许多专家也指出,有的环境与行为问题则是由于刺激不足或刺激过少引起的。例如,感觉剥夺的研究表明,剥夺个体所有的感觉刺激会引发严重的焦虑以及其他异常心理。有人认为,在某些时候,环境需要复杂并多样化一些,有利于人们的心理成长和精力恢复,提高对周围环境知觉,建立归属感与认同感。例如,儿童和青少年的生活环境,如果过于单调和死板,对其成长和成熟是不利的。有人认为,城市里的社会环境刺激可能过多,但居民所处的物理环境中的刺激则有可能不足。与乡村的田野、森林和山川有一种无穷的、多样的和变化的视觉刺激模式相比较,城市的街道和建筑大多是单调的、重复的刺激模式,这种刺激不足会导致厌倦,也一定程度上引发了诸如青少年犯罪、公共财产破坏和教育落后等城市问题。

### (二)行为局限理论

行为局限理论中的"局限",是指环境中的一些信息限制或者说干扰了人们希望去做的事。当个体意识到环境正在约束或限制了自己的行为时,会感到不舒服或者产生一些消极情绪。这时,人们首先做出的行为反应是试图做出努力以重新获得对环境的控制。例如,如果天气限制了人们的行为,个体会选择留在屋里,或使用空调等设备重新获得对环境的控制。

行为局限理论还认为,在我们重新获得自由的过程中,如果经过努力恢复了对环境的控制,任务绩效和心身状况都会得到改善;如果获得控制感的努力屡遭失败,丧失控制感的最终结果是导致习得性无助。无助感并非与生俱有的,所谓"初生牛犊不怕虎",人的无助感是经过多次的挫折之后在认知上产生的一种消极心态。一旦产生了这种心态,便会放弃一切可能的努力而陷入被动无奈的境地,长期的无助感会导致个体的自信降低,行为退缩。

### (三)适应水平理论

根据超负荷理论和刺激不足理论的解释,在缺乏刺激的环境中,人们会感到无聊和厌倦,而环境刺激过度又会对行为和情绪产生负面影响。由此,沃尔维尔提出了环境刺激的适应水平理论,即中等程度的刺激是最理想的刺激。适应水平理论可以用于解释环境中的各种刺激对行为的影响,包括温度、噪声等。

　　沃尔维尔认为,适应水平理论至少适合于解释三种环境刺激条件下的环境行为关系:环境中的感觉刺激输入、社会刺激输入和环境的改变运动。太多或太少的感觉和社会信息及环境变化,都不是人们所希望的。周围环境单调会使人们感到烦躁,想去寻找一些刺激和兴奋。不过如果太眼花缭乱的话也会引起人们的感觉疲劳。例如,城市繁华街区夜晚耀眼的霓虹灯、穿梭的人流以及嘈杂的声音等会使我们烦躁不安。

　　适应水平理论提出,这三种刺激可以在三个维度水平上发生变化。

　　第一,强度。正如前面提到的,环境提供的信息过多或过少,都会引起心理不适。例如,当我们正专心听讲座时周围同学的小声说话让人分心;当大人正在谈话时突然响起孩子的尖叫声让人不安等;相反,如果一个人在隔音的房间里待得过久,这种外界刺激的缺乏也会使其因刺激不足而变得迟钝甚至性情发生变化。

　　第二,刺激的多样性。环境提供的信息多样化可以激起人们的好奇心,提高唤醒水平,并鼓励个体对它进行探索,从中获得满足感和成就感。但是,太复杂的刺激会起到相反的作用。适应水平理论认为多样性在中等水平是最好的,更具吸引力和能够引起愉快情绪的。研究表明,当人造景观的多样性达到中等水平时,就能最大限度地吸引人们并带来愉悦感。

　　第三,刺激的模式,或者说是环境提供信息的组织结构和不确定性对知觉的限制。如果刺激是完全无组织的,如一个持续且单一的声音,带来的干扰就很大。如果刺激过于复杂,个体对它无预测能力,也会带来很大的干扰。例如,恒定音量和频率的警报声会使人们不安,而音乐变化的节奏能使人心旷神怡。有资料显示,笔直的高速公路由于刺激结构的单调容易使司机视觉疲劳,往往是交通事故多发地段。另外,刺激的不确定性太高会导致人们的信息加工困难,如人们进入了一座迷宫式的建筑会感到心理不安,在复杂多变的交通路口也会引起人的思维混乱。

　　适应水平理论认为,环境提供的刺激有一个最佳水平,然而,由于每个人过去的经验不同,所以要求的最佳水平也不一样,适应水平具有个体的差异性。每一个个体都有一个最佳的刺激水平,它是以个体过去的经验为基础的。例如,在极度缺氧的高海拔地区,西藏人生活得很舒适,但对于初到西藏的人而言就会感到呼吸困难,胸闷气短。同样,与生活在农村地区的人相比,城市人对拥挤的忍耐性会高一些,但对于孤独的忍耐性可能会低一些。沃尔维尔把这种最佳刺激水平的改变称为适应,它指的是,当环境改变时,个体对环境改变的反应。

对于某一特定维度的环境来说,环境与个体的适应水平差距越大,个体对此环境的反应强度也就越大。研究发现,当环境刺激不符合个人的适应水平时,可以采用两种方式重新达到与环境的平衡。一种是改变自身对刺激的反应去适应环境,即适应;另一种是改变或选择环境刺激顺应自己的需要,即调节。沃尔维尔的"适应"与索南费尔德提出的"调整"是有区别的。调整是指个体改变与之相互作用的环境,让环境适合于个体的生存。例如,在高温的环境中,适应指的是通过出汗使我们更有效地逐步适应外在的温度,而调节是指减少穿衣服或者安装空调设备使我们感觉更为凉爽。在早期,对于环境的改变,人们更多的是采取适应的策略:随着科学技术的发展,调整成了主要的方法。总之,适应水平理论认为若要在适应和调节之间做出选择,人们会选择那种相对容易便能减少不适感的方式。

### (四)生态心理学理论

生态心理学主张在真实环境中研究人—环境系统中的心理和行为。多年来,尽管研究者不断从不同的层面与角度对生态心理学进行了科学的分析与解释,然而生态心理学依然不是一种成熟的心理科学,具体到不同的心理学问题又出现了不同的生态心理学理论解释。

(1)行为—背景理论。美国心理学研究的重要代表人物罗杰·巴克在他的《生态心理学》(1968年版)一书中,系统地阐释了行为与情境的恒久动态关系,他认为个体的行为总是和特定的情境联系在一起的,都来源于具有一定生态结构的日常活动。因此,行为的意义必须从行为者及行为背景的互动中获得理解。在不同的情境中,人们的行为是不同的。例如,当行为情境是一间正在讲授"如何演讲"的教室,按照生态理论,在这个情境中的行为应该包括讲解、聆听、观察、记录、举手和提问与解答。生态理论认为根据情境,可以预测将出现的行为。

(2)知觉生态理论。1959年吉布森突破了传统的知觉理论,从大量的生活情境中直接提取出有效信息,不再依赖传统的图式、表征等中介变量,他在进一步的研究中发现,知觉和刺激之间存在着单值函数的关系。吉布森知觉理论认为视觉系统面临一个逆光学问题。知觉的认知主义理论认为知觉刺激是贫乏的。因为视网膜图像不足以说明引起它的表面形状,形状信息必须来源于视网膜信息与关于世界结构的各种假设的总和。在立体视觉讨论中,我们看到对视差信息的相对深度的计算需要关于物体地点唯一性的假设以及物体聚集和表面光滑倾向假设。如果不增加这些假设,那么视网膜图像上的信息不足以决定有关相对深度的事实。在这些以及其他情形中,知觉被构想为一个推理过程——从一个光秃秃的骨架重建整个身体。

吉布森否认知觉输入的不充分性,否认视网膜图像是视觉的恰当起点。吉布森用他的研究表明:"有机体周围可利用的刺激具有结构,它既是同时的也是连续的,并且这一结构取决于外部环境中的来源……脑免除了通过任何过程构建这种信息的必要性……取而代之的假定是:脑构建了来自感觉神经输入的信息,我们可以假定神经系统的中心(包括脑)与信息产生共鸣。"[①]在这段文字中有两个观点需要仔细关注。首先要关注的是,当我们说有机体周围的刺激是有结构的,这意味着什么;其次要关注的是与这个观点——即脑为了获得信息不需要加工感官刺激,而只需

---

① 夏皮罗.具身认知[M].李恒威,董达,译.北京:华夏出版社,2014:34.

与已存在于刺激中的信息产生共鸣——有关。

（3）生态系统理论。生态系统理论是美国心理学家布朗芬布伦纳于 1977 年提出的。布朗芬布伦纳认为对心理、行为的分析应当置于空间、时间两个系统背景下。被分析的行为个体不但应该被置于时空两个系统之内，而且个体与环境相互作用的程度也依赖于环境与个体生活范围之间的距离，个体的心理行为是随着时空的变化而不断发生变化的。

（4）生态自我理论。基于传统心理学对于自我概念的稳定性阐述，生态自我心理学家赋予了其更生动的解释。他们倡导建立生态自我，即个体与自然融为一体的自我。把物理环境纳入自我的规范中，是自我的生态学观点的主要特色。如赫米斯在其著作《自我的生态学》中，从生态学的角度看待自我，把自我描述为一个生态系统的一部分，这个生态系统是他人、环境与客体的联合。只要自我的生态稳定，自我概念也就稳定。换句话说，生态系统的扰乱会导致自我概念的变化，如在物理环境中的重新定位。

## 二、中国民间风水文化理论

中国传统文化中的"天人合一"模式，除儒家的"天人合德"型和道家的"天人为一"型之外，还有阴阳家及董仲舒的以气化之天为主、杂以传统的神性之天乃至世俗的神秘信仰糅合为一的"天人感应型"。"天人感应型"是以人之形体与天象类比，谓为天人一也，又以阴阳灾异之变与人事相应，具有一整套的阴阳五行之说，对中国后世的影响极为深远。中国民间风水文化遵循阴阳五行之术，认为天、地之运道关乎个人、家族的命运，属于"天人感应型"。中国风水学有三大原则：天地人合一的原则；阴阳平衡的原则；五行相生相克的原则。

中国有本土的五行观，古人将色彩设定为五种属性，即金木水火土，对应的是白绿黑红黄，认为和谐的色彩搭配是色彩之间取相生关系，同时又维持色彩强度平衡，如绿和黄的搭配是不妥的,因为这在五行上是木克土,红和白的搭配也不相宜,因为是火克金。中国人对色彩的审美是基于中国人相信色彩与人的心理及生理健康等有着紧密的关联,而不是单纯的"好看"。

风水理论的宗旨是,勘查自然、顺应自然、有节制地利用和改造自然,选择和创造出适合人的身心健康及其行为需求的最佳建筑环境,使之达到阴阳之和、天人之和、身心之和的至善境界。在自然环境、自然方位上,风水理论总结了与建筑相关的天文、地理、气象等方面的自然知识和相应的生活经验。例如,把"背山、面水、向阳"看作是最好的自然方位。

对于城市规划、社区建设、景观园林设计等大型项目中,外部环境的整体布置非常重要,不仅涉及实用及功能性,符合现代人的审美需求,还要依据其所在地理方位和特征、五行色彩,确定流通路线,符合天、地人合一的自然规律。古代园林中故宫天坛就是中国风水学运用最优秀的代表作。

随着社会文明、科学技术、环境布局不断进步,人们将从环境住宅布局的美观、实用需求,逐步走进以美观、实用、养生、兴旺发达为主的住宅环境布局。

总之,风水是中国或东方古老的自然地理与人文地理知识,它包括有调谐人与自然环境关系的科学知识,并有着人们对不确定环境的神秘化理解,也是人们祈福消灾的一种心理慰藉方式。

# 第四节　环境心理学的研究及其发展趋势

## 一、环境心理学的研究

在环境心理学发展的早期,很多研究都关注人造的物质环境,如建筑、技术和工程,以及它们是如何影响人们的行为和生活的。作为设计建筑物来实现行为功能的一种研究,环境心理学应运而生。在 20 世纪 60 年代后期,当人们开始意识到环境问题时,就产生了对环境问题的研究,也就是解释并改变人类活动对生态环境的负面影响,以及人类导致的问题,如噪声污染对人们的健康和生活的负面影响。该领域的早期研究聚焦在大气污染、城市噪声、环境质量评价。20 世纪 70 年代之后的研究开始逐步扩展到能源供给问题,与能源技术相关的风险认知和风险评估。20 世纪 80 年代的研究关注的是如何促进环保行为,如消费者态度和行为之间的关系。

作为心理学的分支学科,环境心理学通常遵循心理学研究方法的基本原则,运用心理学研究的标准方法。但环境心理学的研究以物理环境作为关注的中心,这是其他学科研究中通常要消除和控制的因素。研究者选择某种方法是因为它适合研究所涉及的问题,有时会应用多种方法。同时,环境心理学的研究更关注长期效应,以及多学科方法的整合。但不管有什么独特的地方,评价研究方法的尺度仍然是它的有效性和可靠性。

**(一)研究的内容**

环境心理学的研究内容主要包括以下几个方面。

第一,个人空间拥挤和地域性。环境心理学研究个人空间的大小、人口密度对人的心理和行为的影响。

第二,环境行为理论。环境心理学从理论和应用两个方面研究自然环境、人工环境和环境污染与人的心理和行为之间的关系。

第三,人对环境的感知与评价,或者说人的环境态度。环境心理学从理论上阐述人类是如何感知周围环境以及感知后是如何对其进行评价的。人的过去经验对环境知觉的主动性和选择性,以及人们对环境的态度有直接影响或者说直接关系到人们的环境意识。人的这种态度或意识可以通过生态态度量表来测量。

第四,环境知觉。在研究环境知觉的同时,环境心理学家又提出了关于环境知觉的理论,如感觉寻求理论、期望理论、唤醒或注意理论等,并应用这些理论解释人们是如何感知环境的。感知环境所获得的信息与过去经验联系到一起,形成人对环境的态度,这种环境态度直接影响人们对自然环境、环境破坏和环境污染的关注。

第五,人格、情绪与环境。侧重研究人的生存环境对人格、情绪发育的影响以及环境变化对人格情绪发育的影响,其中,环境变化对情绪的影响表现尤为突出。

第六,环境污染、噪声、温度、气候对人类心理和行为的影响。

第七,学校、工厂和办公环境中人的行为。在这些特定的环境中,由于存在着种种不合理的人为因素对人们的行为或多或少会产生不利的影响,不利的因素越多不利的影响也就越大。

第八,城市环境和人的心理与行为。都市化导致城市人口密集,加之城市规划设计上的不合理,对城市居民产生了不利的影响(如刺激单调、缺少自然环境等)。

第九,建筑环境对心理和行为的影响。当代建筑设计中存在着许多不合理的因素,如建筑过于封闭、心理空间狭窄、室内装潢设计不合理带来的化学污染和电磁辐射等,这些不合理因素时刻影响着人们的心理、行为和生理健康。鉴于此,环境心理学从设计不合理与人们行为的关系研究建筑环境对人们的心理和行为的影响,并根据已发现的问题提出合理的建议和方案,创造适合人类生存的合理环境。

第十,环境心理学的应用。环境心理学从心理学的角度研究环境问题,并应用到环境科学中去。环境科学从环境地学、环境生物学、环境化学、环境医学、环境物理学、环境工程学、环境经济学等领域对当代环境问题进行研究,使社会经济的发展达到环境效益、社会效益和经济效益的统一,解决人与环境的冲突,协调人类行为与环境的关系,这也是环境心理学尝试从心理学角度所要解决的根本问题。

环境心理学通过研究人与环境之间的关系,找出人类行为的内在心理动因及人类行为与环境之间的互动机制,使人们意识到人类的过激行为可能导致的严重后果,从心理学角度对环境管理、环境规划、城市规划建筑设计、环境意识和环境教育等方面提出合理的建议和方案,使人与环境之间达到协调统一。

### (二)研究方法及研究场所

由于许多研究个体行为与物理环境之间关系的研究者是受过训练的心理学家,因此,他们往往使用在心理学领域证明有效的研究方法。此外,环境心理学家还发展了其他独特的方法,以便能更好地回答环境心理学所提出的各种问题。

#### 1.实验方法

环境心理学的研究可以运用心理学研究的标准方法,如实验方法。

实验是整个20世纪科学心理学的灵魂。在实验研究中,实验者积极改变某些情形来创设自己感兴趣的条件。实验法是一种积极的、干预的研究形式。实验者操纵一个或多个自变量来观察这些变量对因变量是否有影响。假设研究者对拥挤如何影响血压这个课题感兴趣,研究者就会设计一个实验加以考察。在这个实验中,被试将体验到不同条件下的拥挤(自变量)。一种条件是,单独一个被试坐在4米×4米的房间里2小时,完成一些问题解决的任务。第二种条件是,6个人坐在同样的房间里以同样的时间完成同样的任务。第三种条件是,12个人在同样的房间里以同样的时间完成同样的任务。显然,三种条件下只有人数不同这一差别。如果组间还存在其他差别(如果在房间里的时间有长短,或解决任务的性质不一),就难以区分观察到的影响究竟是自变量的变化引起的还是其他因素引起的。

与其他研究方法相比,实验法能对变量进行有效的控制,而且可以用于验证某一具体假设。但是,由于实验中常要控制自变量,这也暗示着对某些课题使用实验法的局限。这些限制可能针对伦理的或实践的问题。

研究者实际动手做实验前一般要制订实验计划,即实验设计。其内容为:自变量的确定及其呈现方式;因变量的指标及其测量方法;控制无关变量的方法及其措施;确定被试的人数和抽取被试的方法;拟定指导语,安排实验程序;参照统计分析的要求设计记录实验结果的表格,规定实验仪器的型号,选择适当的统计方法,设想可能的实验结果及其推论范围。

### 2.其他研究方法

心理学传统的研究多半是在控制的条件下在实验室进行的,而环境心理学着重于真实生活条件下的研究,采用的方法主要是自然的观察和调查,这些调查研究常常经年累月,甚至需要坚持数十年如一日,有的还需要夜以继日地进行观察。下面重点论述在环境心理学研究中常用的自我报告法、档案法和观察法。

(1)自我报告法。自我报告是利用一些调查技术,让被试报告他们的行为、情绪等各种反应。例如,使用访谈、问卷、量表等来揭示人们外显行为及对环境的评价和感受。

访谈法实质上是一种双向交谈。多数情况下是主试设计好调查表或问卷。内容包括事实资料(即各种社会性资料,如性别、年龄、婚姻状况、职业、教育等,这些资料都被用来探讨变量间的关系)、对一些事物的看法、态度,以及有关的行为、态度和意见的理由等。一般而言,访谈的回收率较高也较精确,但花费较大,而且难以做到匿名。此外,研究者还必须充分考虑提问的遣词用语及结构,例如,采用开放式的还是封闭式的访谈。对于开放式的问题,被试可以自由作答,提供的信息长短不限且涉及多方面。

问卷法是采用问答形式来测量人们的行为和态度的一种测验方法。问卷的设计,一般先根据研究假设确定调查变量,再编制合适的题目。在设计测查问卷时,研究者必须考虑被试的特征、情境的因素以及测量工具本身的特点。封闭式问卷结构化程度较高,往往采用迫选形式,即让被试从多个备选答案中选择一个,或者让被试从不同意到同意变化的数字等级上进行评价。有时,封闭式的问卷只让被试回答"是""不是"或"同意""不同意"。一般说来,封闭式问卷易于统计和分析,但开放式问卷能更深入探索被试的实际想法,而且被试也会对自己的回答更加满意。问卷通常由三部分组成:第一部分,被试的基本资料,如性别、年龄、职业、学历、通信地址(可选)、工作单位(可选)、测验日期等;第二部分,测验的指导语,即用简明的文字,说明答卷的目的、要求和方法;第三部分,测题,有练习题与正式题两部分。练习题或例题用来让被试理解答卷的要求和方法;正式题应注意根据研究的不同目的,将所用的题目做合理的排列。问卷法不太受时间和地点的限制,且能在很短时间内收集到很多资料。但由于被试可能出于种种考虑,而不愿如实回答,难以排除主观性。

评定量表一般由一套测验题目构成,其中每一测题都具有一定的分值。或在一个连续体上让被试标出自己的行为、态度和情绪反应的位置。评定量表常用的有 5 点量表和 7 点量表,即对一个描述,从很同意到很不同意分成几个等级,对这些等级赋以不同的分值。对一系列这样的评定进行统计分析,并依据一个标准化的平均成绩或常模作为参照点,用以说明人们的行为、态度等。由于是奇数等级,被试倾向于做中庸反应和选择,为了避免这种倾向,可以采用偶数等级如 4 点量表或 6 点量表。

(2)档案研究法。档案研究应用已有的资料进行研究的方法,其目的不是学术上的如验证假设或变量间的关系。各个国家、机构和个人都有很多档案资料,这些会为分析事物间的关系提供重要的数据来源。例如,国家各方面的年鉴、人口调查数据、犯罪记录,不同时期的报纸、个人的日记和信件等都是非常有价值的信息来源。环境心理学家已运用档案研究法成功地研究了一些问题,包括拥挤和健康的关系,城市温度和攻击性行为的关系等。尽管档案法在很多方面都有用,但必须注意,从档案研究中得到的这些数据可能不具有代表性,并不是所有的信息都有平等的机会被保存下来。环境心理学家在使用档案资料时,必须了解档案研究的这一局限性。

（3）观察法。观察法是心理学研究中收集事实资料的重要方法。这里结合环境心理学的学科特点，着重探讨不引人注意的观察和根据物理线索的观察。在不引人注意的（或非反应性的）观察中，通过对特定环境中人的实际行为的观察来收集数据，观察一般不被这些人所察觉。

除采用不引人注意的观察法，有时研究者还利用观察的物理线索，来了解个体和环境的关系。研究者通过系统地考察环境中的废弃物，来了解此环境中人们的活动。研究者的观察完全根据其兴趣所在，但一般都应有助于改变环境，使之更符合人们的需要。例如，仔细观察人们安放家具的方式、扔掉的垃圾，以及环境中增添的物质和受环境侵蚀的物质，就可以推测这一环境中的人们做了什么，没做什么；在方方正正的一块草坪上留下人们走出来的一条路径，表明这儿最好设置一条路比较符合人们的习惯；通过观察人们对环境的重新安排，也可知道如何才能建造更令人满意的更有效的环境。

英国著名侦探小说里的主人公——福尔摩斯是运用物理线索来推测人和环境关系的高手。福尔摩斯侦破了一系列的神秘谋杀案，其中对物理线索的观察起了重要作用。根据线索，可以演绎出一系列的问题，如留下线索的原因，哪些是故意留下的，是哪些事件导致的。同时，物理线索观察法也可限制"需求特质"，因为这并不影响观察的行为。此外，由于物理线索耐久性好，易于操作和记录且花费少，因而常常被环境心理学家用来作为对环境问题的探讨和其他研究方法的补充。

总之，环境心理学的研究方法，基本上是运用心理学研究中的标准方法和程序，其特点主要是，环境心理学中的自变量是其他研究中主要要控制和消除的额外变量（潜在变量、控制变量）——环境。而且环境心理学研究往往使用多种方法，借鉴多种学科中的方法，反映出交叉学科的特点。

3. 研究场所

通常认为实验法是在实验室里进行的，相关研究是在现场进行的。其实,研究场所和所用的研究方法没有必然的联系。有可能在现场采用完全有效的实验法,也可能在实验室里进行相关数据的收集。

(1)实验室研究。实验室研究的优点是能够比现场研究更有效地控制实验情境,可以随机分配被试,精确控制自变量,研究者可以确信在整个研究中对每个被试施加什么影响。主要缺点是被试知道他们在做实验,容易使被试产生实验的反应效应,他们会改变行为从而影响研究结果。被试得到的一些线索可能会暴露研究的假设,这被称作需求特质,除非能很好地加以控制,否则研究的效度就会受影响。

(2)现场研究。在真实环境中对真实的人进行研究,可以弥补实验室研究的某些不足。由于被试往往不知道自己正在被研究,研究者就可能获得更"真实"的结果。同时,现场研究也可研究不同类型的人,这样可以更有效地研究一些在实验室里无法控制的变量。另外,现场没有像在实验室里的各种控制,也不可能随机分配被试到各种不同的实验条件中去,不能控制无关变量。再者,现场研究更难对因变量进行纯粹的测量。

实验室研究和现场研究都能收集资料,研究者应根据研究的课题选择研究场所。

## 二、环境心理学的发展趋势

自 20 世纪 70 年代环境心理学成为一门独立的学科以来,它度过了襁褓中的岁月,在理论建设、实验研究和应用领域都取得了较大进展,显示了其旺盛的生命力和广阔的发展前景,对心理学的其他分支学科产生了越来越大的影响。在环境心理学的研究中,不同国家的环境心理学家虽然使用同样的研究方法和技术,运用相同的环境心理学思想,但他们的兴趣和研究问题的特点是不同的。当然,随着社会的发展以及环境问题全球化进程的推进,不同国家不同地区往往面临共同的问题,这将打破过去各自独立的状态，从而形成一种全球化的环境心理学研究领域。斯托考尔斯提出，在 21 世纪环境心理学也许会在其他领域或主题上有更突出的发展。未来的研究或许会受到以下因素的影响：全球环境的变化；群体间的暴力和犯罪；新的信息技术对工作和家庭的影响；人们健康花费的提高，对促进健康的环境策略的关注，以及社会老龄化进程的加快。然而，由于环境心理学尚处于开创时代，仍有许多问题需要进一步探讨，其发展态势表现为以下几个方面。

### （一）重视理论的整合

前文已经阐述过环境心理学的各种理论，如刺激不足理论、行为局限理论、适应水平理论、环境应激理论、生态心理学理论等，这些理论都部分地解释了人和环境相互作用的部分问题。然而，要全面地解释环境心理学问题，尚需要借鉴更高层次的理论观点，如认知理论、个性理论、学习理论等，需要对所有的理论进行综合。目前这个方面的工作做得还不够。为了在环境心理学中形成一个统一的理论，今后的工作需要对环境概念在心理学维度上做出合适的解释，对人与环境相互作用的特点和规律进行分析，不仅要在环境心理学领域运用各种已有的心理学理论，而且要建立比较全面的人与环境交互作用的理论，这个理论应能贯穿环境心理学研究的始终。

### （二）强调研究内容的独特性

环境心理学作为一门独特的心理学分支学科，应该具有独特的研究对象。环境心理学的研究对象是明确的，即环境与人的关系。这个研究对象让环境心理学所包含的研究内容非常广泛，造成研究范围过于庞大复杂，使这些研究内容基本上都是一些松散的问题，缺乏集中性、整体性和独特性，有被其他学科吸收或取而代之的危险。鉴于此，今后相当长的一段时间内，环境心理学的任务仍是保持研究内容的独特性，以区别于其他环境科学，在此基础上逐步形成环境心理学统一的研究内容和研究中心。

### （三）环境心理学将逐渐渗透各个学科领域

环境心理学属于应用心理学的范畴，重视应用既是环境心理学的一个特点，也是环境心理学的一个发展方向。环境心理学研究的最终目的是为了解决环境问题，因此，把环境心理学的研究成果应用于环境管理、建筑设计、城市规划，为大众造福，为决策部门提供咨询和服务，是环境心理学的重要任务。今后的研究工作仍需坚持应用的方向，强调在现实中进行研究，解决社会和个人面临的各种环境问题。在这个过程中，根据实际需要进一步优化研究选题，及时将研究成果应用于实践，使研究和应用形成一个良性循环。

环境心理学不仅涉及环境建筑学和应用心理学，还涉及音乐、美术、中文等学科，比如现在的音乐环境心理学已经成为热门研究，而且在犯罪行为学方面有新的突破。

此外，研究方法的更新、研究领域的拓宽、生态化运动的影响等将为环境心理学的进一步繁荣发展增加新的生命力。例如，在日本，关于环境—行为对应关系的研究有减少的趋势，而更着重于知觉的研究，对人工环境的研究一般也多集中于空间刺激的某些属性，这表明研究正在向深度和难度进军。

### （四）环境心理学将继续关注有关环境紧张性刺激的研究

噪声、拥挤、污染以及自然和技术灾害都对人们有精神心理、健康和认知方面的影响。城市人多、车多、楼多、噪声多等因素，容易使人产生疲劳感，从而引发心悸、胸闷等病状，很容易导致高血压、神经衰弱、精神心理失常等疾病。人们在紧急情况下的表现使研究者对人类行为有了更深刻的认识，从而在制定应急政策和设计建筑空间时将可能造成灾难的危险降到最小。

### （五）环境心理学会更加关注文化的作用

文化的重要性已经使心理学界对它的关注日益提高，主要表现在对文化人类学、本土心理学以及跨文化心理学的研究。在中国，社会文化对学者的影响更为明显。中国文化是一种务实的文化，中国传统的认识论认为，实践比理论更重要，故中国的学术文化传统有着鲜明的实用性特征。实际上，中国一直存在经世致用、重视功利、实用理性的文化心理结构，学者缺乏西方的纯理性的理想主义精神。学者能否得到社会的承认，取决于他在政治层面的成就，这就使得中国的学术从来没有取得相对独立的地位。因此，在环境心理学中开展社会环境文化作用的研究，进行社会环境中文化媒介作用的研究，探索文化在提高人类环境意识和生存文明（道德、伦理等）中起到的作用，就显得尤为重要。

### （六）环境污染心理学将成为环境心理学的研究热点

根据可持续发展战略思想，对特定污染物在人、动植物与周围环境之间的转移积累时人的心理学行为的研究，将会成为环境心理学未来的研究热点。研究人类在各种受污染的环境条件下表现出来的心理学行为及其规律，可为环境工程学及时指明污染物的类型和数量分布，为城市环境规划提供信息。另外，普通心理学不考虑污染物对人体机能的影响，环境医学只研究污染物对人体组织的损伤机理，只有环境心理学的"污染心理学"才能圆满解释、阐述环境污染物对人的心理和行为的影响。

# 第二章 环境知觉与环境认知研究

人类自诞生以来无时无刻不在塑造着我们周围的环境,时刻在与环境进行信息的交换,要对环境中的信息进行编码、加工和处理。为了更好地塑造一个美好的、更适合人类生活的环境,必须要了解环境,研究环境。在人与环境的交互作用中,知觉和认知紧密相连,环境知觉是环境认知的基础,而环境认知是环境知觉的产物。因此,对环境知觉与环境认知进行研究,有助于人类更好地与环境和谐相处。

## 第一节 知觉与环境知觉

### 一、知觉

#### (一)知觉的内涵

知觉一词来源于拉丁文 perceptio 或 percipio。目前,一般认为,为了反映和理解自身所处的内外环境,人必须对经由神经传输到大脑相应区域的感觉信息进行组织、识别和解释,这一心理过程便是知觉。但知觉并非是感觉信息的被动接收过程,英国著名心理学家格里高利认为,学习、记忆、期待和注意等都参与了知觉的形成过程。

知觉是人们在感觉的基础上,把过去的经验与各种感觉结合在一起而形成的。知觉经验的获得,通常是多种感觉的整合(情感、期待以及过去的经验与知识)。因此,知觉比感觉广泛,并且不受现实环境中刺激的局限。

知觉可分为两个过程:首先,对感觉输入信息进行处理,将那些低层次的信息转换为较高层次的信息;然后再将较高层次的信息与影响知觉的个人因素关联起来。

知觉的主要心理特性包括知觉的相对性、知觉的选择性、知觉的完整性、知觉的恒常性和组织性。对知觉的研究主要涉及图形知觉、深度知觉、时间知觉、运动知觉和错觉。

## (二)知觉定式

知觉定式指的是个人的知识、经验、兴趣,别人的言语指导或环境的暗示,促使知觉判断的心理活动处于一定的准备状态而具有某种倾向性。

定式对知觉对象的判断,尤其是对具有某种不定性对象的判断会产生很重要的影响,如图 2-1(a),很多人第一眼看到的是少女,也有很多人第一眼看到的是巫婆;而图 2-1(b)中,有人看到的是一只兔子,有人看到的是一只鸭子。这种两可图的结论正是人的定式思维对知觉对象的判断。

(a) 少女与巫婆　　　　　　(b) 兔子与鸭子

**图 2-1　两可图**

## 二、环境知觉

### （一）环境知觉的内涵

环境知觉就是个体对环境信息感知的过程，是在环境刺激作用于感官后，大脑做出的一个全面的综合的反应。环境知觉研究人（群体）对来自真实环境的刺激所产生的即时而又直接的反应。"即时"（时间）、"在场"（空间）和"直接"是三个必要和充分条件。与知觉概念相比，环境知觉更强调真实的环境和大环境中的一些因素对环境知觉的影响，即强调环境与人的互动。同时也重视人的知识经验、人格特点、认知特点等对环境知觉的影响。

最早关注环境心理学的研究者赫尔森提出，环境知觉包括认知的（思维的）、情感的（情绪的）、解释和评价的成分，所有这些活动是在不同感觉通道同时进行的。当我们知觉某一环境时，涉及的认知过程也包括我们在这一环境中所能做的，以及我们的视觉、听觉和其他意象。

环境知觉很复杂，并且包含了很多过程。在环境知觉中，时间作为一个重要变量是不容忽视的。人类滥用环境资源、毁坏环境造成物种灭绝这些生态破坏的后果，需要很长时间才能看到，因此，人类对于这类自然灾害的知觉反应是很迟钝的。在城市的建设过程中，我们周围的环境往往频繁地和快速地改变，这同样也会让一些老年人适应困难。

对环境知觉的研究有助于人们更好地认识环境，从而为人们在设计房屋、服装、道路、景区时提供一些理论支持，为更好地适应环境和塑造环境提供帮助和服务。

### （二）环境知觉的相关理论

不同领域的研究者从多种角度解释人的环境知觉，各自建立了自己的理论，每一种都对我们有一定的启发与帮助。在环境心理学中,常见的环境知觉理论主要有来自经典心理学的格式塔知觉理论、概率知觉理论以及生态知觉理论。

1.格式塔知觉理论

对一般人来说,视觉是感知世界最重要的方式,格式塔心理学着重研究形形色色的视觉刺激与反应之间的关系。

格式塔心理学1912年兴起于德国,是现代西方心理学的主要流派之一,后来在美国得到广泛传播和发展。主要代表人物为惠太海默、考夫卡和苛勒。

格式塔心理学以现象学作为它的哲学基础,并以现象学的实验来研究心理现象。

1910年,惠太海默等在实验中映示了一列先后连续、快速视见的图形。尽管图形静止,但在观察者看来,以一定时间间隔映示的图形却在运动,他把这种现象称为似动现象,如图2-2所示。惠太海默认为,这种似动现象不是某些感觉元素的总和,而是所感知到的一种运动整体,一种格式塔。他还把这一理论推广到其他知觉现象,认为作为整体的知觉不可分析为元素——整体先于元素并决定了部分。惠太海默与苛勒、考夫卡等人以研究人对图形的知觉为契机,扩展研究领域,最终形成了格式塔心理学派。

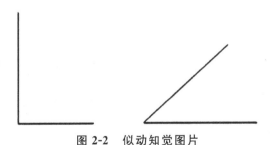

图2-2　似动知觉图片

格式塔心理学家在总结前人研究成果和自己对知觉的研究的基础上提出了知觉的组织原则,这些原则可以概括为以下几条。

第一,图形与背景的关系原则。知觉对象与背景的关系并不是一成不变的,二者不仅可以相互转换,而且相互依存,如图 2-3 所示,以黑色为背景可以感知为一弯残月,以白色为背景则可以感知为人的侧脸。

图 2-3　图形与背景关系原则图

第二,接近或邻近性原则。当两个对象在时间或者空间上比较临近或接近时,我们倾向于把这两个物体感知为一个整体,如图 2-4 所示,A 中的圆点之间垂直方向的距离更小,彼此之间更接近,常常被认为竖着作为一个整体,B 则是更容易在水平方向上被视为一个整体。

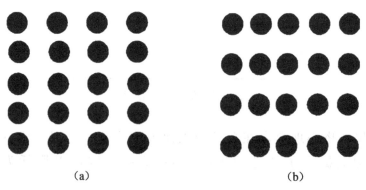

（a）　　　　　　　　　　　　　　　（b）

图 2-4　邻近性原则图

第三,相似性原则。在视野中物理属性相似的刺激物体往往被视为一个整体,如图2-5所示,颜色相同的更容易被视为一个整体。

图 2-5 相似性原则图

第四,封闭性原则。有些图形虽然残缺、不完整,但当其主体结构或框架有闭合的倾向时,我们依然会把它感知为一个完整的图形,如图2-6所示,虽然呈现的是三个锐角,但是我们仍然把它感知为一个三角形。

图 2-6 封闭性原则图

第五,连续性原则。如果一个图形的某些部分可被看作连接在一起的,则这些部分就很容易被视为一个整体,如图2-7所示。

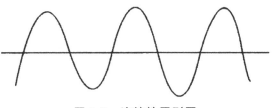

图 2-7 连续性原则图

2.概率知觉理论

与格式塔知觉理论不同,由布伦斯维克提出的概率知觉理论更重视在真实环境中实验所得出的结论,更重视后天知识、经验和学习的作用。该理论把知觉过程类比成一个透镜,外部的环境刺激在我们的努力下通过这个透镜被聚焦和感知。

布伦斯维克认为,环境知觉是人主动解释来自环境感觉输入的过程,而环境提供给我们的感觉信息从来都不能准确反映真实环境的特性。事实上,这些信息往往复杂,甚至有导致人误解的环境线索。例如缪勒—莱尔错觉(图 2-8),两条直线长度实际相等,但对于大多数人来说,左边的直线比右边的更长。

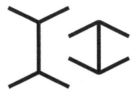

图 2-8　长度错觉图

布伦斯维克把个人知觉过程比作透镜将光线聚焦于一点的作用,即将接收到的来自环境的一组刺激经过滤、重组,聚焦为一个整体的知觉。布鲁斯威克把刺激分为远刺激和近刺激两种。远刺激是指物体本身的刺激,也就是指客体本身的一些属性(如大小、形状等),远刺激是恒定不变的。而近刺激是指投射在视网膜上的刺激,包含了大量错综复杂的信息,其中有些是客体的真实信息,有些则是模棱两可的信息,它是经常变化的。随着我们距离客体的远近、观看客体角度的不同,投射在视网膜上的刺激是不一样的。人类常常会对陌生环境感到无措,因为陌生环境中存在大量的环境刺激,不知道如何去选择那些对自己有用的刺激,而在自己所熟悉的环境中则不会有此情形。

3.生态知觉理论

生态知觉理论强调机体先天的本能和环境所提供信息的准

确性。该理论由吉布森提出,强调人类的生存适应,例如寻求生活资源及配偶、预防伤亡、成功地旅行等。知觉理论强调与生物适应最有关系的环境事实。感觉是因演进而对环境的适应,而且环境中有些重要现象(如重力、昼夜循环和天地对比等)在进化史上都是不变的。知觉是直接的,没有任何推理步骤、中介变量或联想。

生态知觉理论主要包括以下两方面。

第一,环境的提供。外在的环境刺激在作用于个体的感官后,无须高级神经中枢的复杂加工就可以获得许多有价值的信息。个体通过多样化的方式与周围的环境相互作用,从而达到了解周围环境的目的。从生态观点来说,知觉就成为一个环境向感知者呈现自身特性的过程。当环境刺激构成对一个人的有效刺激时,就会引发个人相关的行为,如寻食、学习等,人只有通过探索和有效地分配注意力才能有所发现和利用。

第二,知觉的先天性。根据吉布森的生态知觉理论,知觉是和外部世界保持接触的过程,是刺激的直接作用。吉布森认为自然界的刺激是完整的,人们完全可以利用这些信息,对作用于感官的刺激产生与之相对应的知觉经验。凭本能的直觉就能发现与生存密切相关的"提供",应该不需要学习,或者不需要花很多时间就能学会。

### (三)环境知觉的影响因素

环境知觉受多种因素的影响。从宏观来讲,可以分为以下两种。

#### 1.知觉对象

环境知觉对象对知觉的影响主要是指环境刺激的新异性、强度、运动变化等。

首先,刺激的新异性是指刺激物的异乎寻常的特性。例如,对于从小生活在内陆的人来说,大海及海边的一些事物会很容易进入他们的视野。

其次,环境中的一些强烈刺激也容易成为我们知觉的对象,如突然一声巨响、一道闪光等。但容易成为我们知觉对象的不是刺激的绝对强度,而是刺激的相对强度。

最后,运动的物体比静止的物体更容易被感知。

### 2. 知觉主体

知觉主体指的就是个体。个体主要包括以下几个方面。

第一,年龄。随着时间的推移,我们的感官接受信息的能力经历了一个先上升再下降的过程。儿童环境知觉的范围主要以家和学校为中心;年轻人学习和活动能力都较强,环境知觉包含的范围更广;而老年人由于行动不便,加上感知觉的逐步衰退,所以环境知觉的范围较窄。

第二,性别。女性关心接近的对象、特殊的行人和特定的标志物;男性的视野最为广阔,同时关心各种不同的对象、人物和标记。了解环境知觉的性别差异,可以帮助环境设计者在设计时更加人性化,并为使用者提供对其最为有用的环境信息,如男女卫生间使用不同的符号标志,以便更醒目。

第三,语言和文化因素。语言是个体生活的重要工具,对人的知觉具有指导作用。同时,文化因素也不可忽视,因为语言仅仅是文化的一部分。文化的含义更广泛,处于不同文化背景中的个体具有不同的感知特征。不同文化背景的人有着不同的生活习惯,了解这方面的知识,不仅有利于个体之间的相互交往,而且对于提高个体的环境知觉能力也是有帮助的。

第四,经验。人们总是在个人经验的基础上把由多种属性构成的事物知觉为一个统一的整体的特性。知觉是人脑在个人经验的基础上对直接作用于感觉器官的客观事物的整体反映。因此,不同的个体具有不同的经验,因而形成不同的知觉结果。同时,个人经验也限制了人们的注意力。人们所感知到的那些事情常常是与自己有关的。同样一部电影,演员看到的是不同演员的演技如何,一位编剧看到的是这部电影是如何从小说改编为一个剧本的,心理学家关注的则是影片中不同角色的人格特征和行为方式等。骑自行车的人对交通标志、行道树等更为敏感;而步行者更关心色彩、城市空间、建筑物的材料、形态和质感等。

**(四)环境中的空间知觉**

人类在探索世界的过程中逐渐形成了对生活的物理空间的认识。人类对物理空间的认识就是空间知觉。它包括形状知觉、大小知觉、深度(距离)知觉、方向知觉和空间定向等。

**1.形状知觉**

形状是物体所有属性中最重要的属性。人类要认识世界就必须分辨物体的形状。形状知觉是人类和动物共同具有的知觉能力。形状知觉是视觉、触觉、动觉协同活动的结果。形状知觉可帮助受众把不同的物体区分开来,从而使这个世界姿态万千。

**2.大小知觉**

大小知觉是头脑对物体的长度、面积、体积在量的方面变化的反映。它是靠视觉、触摸觉和动觉的协同活动实现的,其中视知觉起主导作用。

**3.深度知觉**

深度知觉又称距离知觉或立体知觉。这是个体对同一物体的凹凸或对不同物体的远近的反映。这主要是通过双眼视觉实现的。用视觉来知觉深度,是以视觉和触摸觉在个体发展过程中形成的联系为基础的。深度知觉在计算机中的应用已经很普遍了,如人工智能、3D界面等。在几十年的发展中,计算机立体视觉已形成了自己的方法和理论。

**4.方位知觉**

方位知觉是人们对自身或客体在空间的方向和位置关系的

知觉,包括上、下、前、后、左、右、东、南、西、北。方位知觉是借助一系列参考系或仪器,靠视、听、嗅、动、触摸、平衡等感觉协同活动来实现的。

5.时间知觉

时间知觉是指人的时间知觉与活动内容、情绪、动机、态度有关,也与刺激的物理性质和情境有关。人的时间知觉与活动内容、情绪、动机、态度有关。内容丰富而有趣的情境,使人觉得时间过得很快,而内容贫乏枯燥的事物,使人觉得时间过得很慢;积极的情绪使人觉得时间短,消极的情绪使人觉得时间长;期待的态度会使人觉得时间过得慢。一般来说,对持续时间越注意,就越觉得时间长;对于预期性的估计要比追溯性的估计时间显得长些。

# 第二节　认知与环境认知

## 一、认知

认知一词来源于拉丁文,原来的词义为"getting to know",指的是获得知识的过程,包括感知、表象、记忆、思维等,而思维是它的核心。

皮亚杰提出了发生认知论,强调图式的作用。在皮亚杰的理论中,动作的结构或组织,即固有的知识或经验称为"图式",图式的形成是一个以时间为代价的内化过程,一旦形成,便在个人的思维和认知过程中形成一种顽固的定式,成为一种直觉的思维方式和习惯性行为。例如抓握这个动作是初生婴儿就有的固有图式,但成年人在恐惧、痛苦、愤怒和激动时也会习惯性地用手做出抓握的动作。

固有图式既是接受新知识的基础，又可能成为认识新事物的障碍。建立新图式的过程被皮亚杰称为"顺化"。同化是图式量的改变，顺化是图式质的改变。无论原有图式的充实还是新图式的建立都是在旧图式的基础上形成的一个连续发展的过程。

与皮亚杰结构主义的认知心理学不同，现代认知心理学企图用信息的输入、存储、检索、加工、输出等概念，来说明从感觉经过表象、记忆、思维而做出反应的全过程。不过，对这方面进行信息加工的研究迄今为止还是比较困难的。

## 二、环境认知

人的一生都在与环境打交道，而个体对环境的认知是适应环境的基础，可见环境认知对个体生存和发展的重要性。

### （一）环境认知的内涵

要了解环境认知，必须要了解认知的内涵。认知是人脑反映客观事物的特性和联系，并揭露事物对人的意义和作用的心理活动，即个体理解和获得知识的过程。从信息加工的观点来看，认知就是信息加工，就是人对信息的接受、编码、操作、提取和使用的过程，包括感知觉、注意、记忆、表象、思维、言语等。认知的难易程度与过去感知过的事物在当前呈现的环境有关。一个不很熟悉的人在原来见面的那个特定环境中出现容易被认出来，而在一个新环境中出现就不容易被认出来。

环境认知是指人对环境刺激进行编码、存储、加工和提取等一系列过程，并通过对一系列过程的加工来识别和理解环境。环境认知主要的研究内容包括城市和建筑物的表象以及认知地图等。人类的认知潜力是很大的。对人类环境认知能力的认识和研究，必将大大地促进人类认识世界和改造世界的实践活动。

### （二）城市和建筑物的表象

表象在识别城市的路径和建筑物中具有重要作用。表象有广义和狭义之分。广义指在人的心理活动过程中产生的各种形象,包括记忆表象和想象表象。人在感知客观事物后,其形象保存在头脑中,即记忆表象。记忆表象经人脑的加工、改造、分解和重新组合,转化为新形象,即想象表象。狭义仅指记忆表象,简称表象。

### 1.城市的表象

不同的个体对同一座城市也会产生不同的意象。美国城市规划家林奇分析研究了许多个体头脑中的城市表象,认为城市最重要的特征之一是它的识别性,即城市的道路、景观、商店怎样为人们所识别,城市的各部分又是怎样自然地结合成整体。他认为城市表象包含以下五个要素。

(1)道路。对多数人来讲,道路(图 2-9)是形成城市表象最重要的要素,人总是在道路上移动时来观察城市。道路贯穿整个城市,又把整个城市联为一体。道路纵横交错、彼此相通,形成了城市的骨架。一个人去一个陌生的城市,首先是认路。因为城市中林立的建筑阻挡了人们的视线,人们只能靠在道路一边行进一边观察。

图 2-9　道路

（2）边界。边界指线性的界线，如河流、围墙、篱笆等，它构成了城市中的不同区域。中国古代最明显的边界是护城河和城墙。但随着现代化的步伐越来越快，几乎所有的城墙都已被拆除，城市的边界不再那么明显、清晰可见。

（3）区域。区域是指有着某种共同特征的街区，也可以指一些功能类似的建筑群等，既可以是城市的行政区、商业区，也可以是城市中心区、工业区、少数民族聚居区等，如图 2-10 所示。利用格式塔组织原则对要素的空间布局、造型、质感、色彩等特征加以合理组织，就可能形成区域整体感，从而建立起足以引起人们注意的区域的整体同一性。

图 2-10　工业区

（4）中心与节点。中心和节点可以是道路的汇聚点，也可以是交通的转换地。每个城市或区域都有自己代表性、象征性的中心。如北京的天安门广场、华盛顿国会大厦前的草坪广场、莫斯科的红场、巴黎的香榭丽舍大道（图 2-11）等。

（5）地标性建筑。地标指具有明显视觉特征而又充分可见的定向参照物，担当着城市招牌的角色，如图 2-12 所示，东方明珠广播电视塔是上海的地标。在没有路径（如沙漠和草原）、路径不明（如山林）或路径混乱（如大城市）的大尺度环境中，标志尤其重要，人们依靠地标来判明方向、熟悉道路、识别地点。地标可以是日月星辰、山川、岛屿、大树,也可以是人工建筑物或构筑物。如自由女神像是纽约的象征,埃菲尔铁塔是巴黎的符号,金门大桥是旧金山的标记,悉尼歌剧院是澳大利亚的标志等。

图 2-11　香榭丽舍大道

图 2-12　上海东方明珠广播电视塔

林奇进一步研究后认为,人们对城市的表象可以从三方面来分析:一是差异性,表象中的一部分具有个别性能被人识别,人们把它与其他部分区别开来;二是价值性,表象中各部分对人们来说都具有特定的意义、价值,人们通过对此的评判来认识和识别城市;三是结构性,表象各部分之间具有一定的空间关系,也与人存在一定的关系,所以人们不但能识别它,而且还能在记忆中把它们结合成整体来加以认识。

可见,城市表象是非常重要的,个体依靠表象在城市中指导自己生活。如果某些关键界标被移走了,个体将会错误地指导自己的方向、目的地。如果这些标志很容易辨认,那么,个体对城市的适应就快。所以城市规划设计者应将道路、边界、街区和界标设计得明显,易于辨认。

### 2.建筑物的表象

城市中拥有鳞次栉比的建筑物,在令人眼花缭乱的建筑物中,如何建立建筑物的表象就成为一个重点。对于人们来说,建筑物的使用特点比其外形特点更容易被记住。

### (三)城市认知地图

"认知地图"一词是格式塔派心理学家托尔曼创造的术语,后来又受到其他领域(地理学、人类学、建筑学和环境规划学)学者的广泛关注。它与我们的现实生活密切相关,如寻路等。认知地图就是在过去经验的基础上、产生于头脑中的、某些类似于一张现场地图的模型。它是一种对局部环境的综合表象,既包括事件的简单顺序,也包括方向、距离甚至时间的信息。

### 1.认知地图的特点

(1)多维信息的综合再现。认知地图是所在城市居民长年累月往返活动、反复体验的积累,远比单纯的知觉与认知丰富。它是多维环境信息的综合再现,既包含具体信息,如街景、建筑造型、广告人流等;也包含抽象信息,如构成整体意象的单独要素和环境氛围等。普通人的认知地图以视觉信息为主,同时还包含非视觉方面的意象。盲人主要靠触觉与听觉形成清晰的认知地图。

（2）模糊性和片段性。认知地图来源于对环境的感知和体验，是经头脑加工过的记忆的产物，带有直觉性和形象性。有的记住，有的淡忘；有的清晰，有的模糊；还包含许多错误，如方位的错误，把弯路和斜路记忆成直路，甚至增加本来没有的或者已拆除的要素等。

（3）个人差异化。对于同一物质环境，不同个人具有与众不同的认知地图，主要表现在以下几方面：

首先，当地居民对所在城市比较熟悉，在长期往返过程中信息逐步简化，关注点主要是建筑物的使用功能；而外来者对当前环境并不熟悉，要靠细心观察和探索去适应新的环境，因而比当地居民对环境现象更加敏感，更容易发现新环境的特征，更关注道路、节点和标志。

其次，对上班族来说，居住和工作地点是影响个人活动范围的最重要因素。而城市居民既有不同的活动范围，又有共同的活动范围。

再次，性别和年龄差异。在性别方面，女性擅长形象思维，更关心区域和标志，依靠标志物找路；男性擅长逻辑思维，更关心道路和方向。在年龄方面，儿童认知地图常常以学校和家为中心，并包括连接这两处的道路及其两侧的要素；年轻人认知地图包含的范围较广，也能及时反映城市的变化；老年人的认知地图中则常常出现已拆除的建筑物等旧要素。

最后，人格化地图。同样是休闲的成人，有的注意游乐场所，有的注意自然风光和文物古迹。个人价值观、兴趣互不相同，其认知地图也不同，家庭主妇注意杂货店和食品店，儿童注意玩具店、糖果店和游戏场。

### 2.认知地图的获得

认知地图的获得包含两方面：一是个体认知地图的发生过程，二是个体在新环境中如何获得认知地图。

首先，在个体认知地图的发生过程方面，皮亚杰研究发现，儿童早期的认知地图是以他们曾经探索过的环境中的某一位置来定位的,随着年龄的增长以及对周围环境经验的增加,儿童逐渐发展起"部分协调的参照系统"与"操作协调的和等级整合的参照系统"。到了8岁以后,儿童才开始具有了与成人化相似的认知地图,他们能够记住一些突出的地标。

其次,在个体中获得新环境认知地图方面,就成年个体来说,在一个新的环境中也同儿童一样会逐渐建立并发展出认知地图,即在一个新环境中先通过探索不同的路线积累信息,再把它们整合到一起形成认知地图。儿童与成年人的不同在于成年人到一个新的环境,会利用出版的地图很快建立起这一环境的认知地图。虽然通过地图对了解周围的环境会有一些优势,但个体经验有时也会造成一定程度的失真。

### 3.认知地图建立过程中的误差

认知地图是对物理环境的主观表征,因此,它比较接近环境但并非精确。尽管违反人们的主观意志,但是受各种因素的影响,人们在建立认知地图时,仍不免会发生各种各样的误差,这类误差常见的有以下几种。

第一,不完整。人们的认知地图中有时会遗漏一些环境信息,如小的街道和地标。

第二,环境表征的失真。表现为地理特征、方位和距离上的不正确,如两座建筑错误地放在一起,放大自己熟悉的地方等。

第三,添加,即增加了实际环境中没有的成分。

第四,经验主义。当人们通过一条路径时,会注意、编译和储存有关这条路径的信息。再重新经过这条路径时,他们能提取越多的相关信息,则所判断的路径长度就越长。所以提供促进回忆的提示或线索会增加人们的估计距离。

第五,几何错误。人们总是喜欢调整通道中的角度,使它更接近于90°角,所以直角的地点最不容易被歪曲,回忆也最正确。

可见,要想准确获得一座城市的认知地图是非常不容易的,人类适应环境是一项长期而艰巨的任务。

# 第三节 潜在环境以及个体对潜在环境的认知

## 一、潜在环境

潜在环境是指环境中的声音、温度、气味和照明等非视觉部分所构成的环境。声音、温度、气味等作为稳定的环境特质,对人们的心理与行为有深刻的影响。

### (一)潜在环境对情绪的影响

潜在环境对人类的行为和情绪情感起着强烈而可预测的作用。例如在篝火晚会上,很多人围着篝火跳舞,此时,即使是没有参与跳舞的人也会感觉到欢快愉悦之情,这就是潜在环境的产物。

莫拉比安和拉塞尔研究发现,人们在预测环境行为时,有三种维度特别重要:愉快—生气、激发—未激发和支配—顺从。

第一种维度:愉快—生气,反映了个人是否感到快乐和满足,或是否觉得不高兴和不满足。

第二种维度:激发—未激发,可以被视为活动以及警觉性的综合。激发状态维度上的高分表示活动和警觉性两者都很高,活动及警觉性两者均低时则表示激发状态维度也为低分。

第三种维度:支配—顺从,说明个人认为自己在某一情境中是否有控制力、自由且无拘无束,而不会感到被他人限制、威胁和控制。

显然,上述这些维度是相互独立的,因此,即使其中两个维度保持不变,第三个维度上的感受仍有可能发生变化。这一理论被称为"情绪三因子论",不仅可以预测人们对环境的反应,也可用来预测对特定人、事物的偏好。

**（二）潜在环境的类型**

潜在环境指物理环境中的非视觉因素，包括气候、高度、温度、光线、颜色和噪声等。由于噪声在本书其他章节有详述，此处不再赘述。

1.气候

气候是塑造文化价值和性格的主要因素。人类的生存必须克服气候的问题，长期生活在干燥热风地区的居民可能会出现更多的疼痛、易怒、暴躁和攻击行为。

2.高度

高度作为人们生活的潜在环境会对人适应环境产生影响。生活在高海拔地区的人肺活量和胸部都大于平原的居民，血压的变化情况也不相同。

3.温度

温度对人的生活很重要，极端的温度会影响健康、攻击和人际吸引等社会行为。持续的高温效果会导致筋疲力尽、头疼、易怒、昏昏欲睡、精神错乱、心脏病等，甚至会导致死亡率的增加；持续的低温效果会让人身体虚弱、抵抗力下降、消化系统功能紊乱、反应变慢、丧失知觉，甚至死亡。处于舒适气温中的人会比处于极端温度中的人表现得更为平和，人际吸引力更强。

4.光线

光线也是潜在环境的重要组成部分，一般而言，人们对自然光线的偏好超过人工光线。较明亮的光线会使个人处于较高的激发状态，使人们对环境刺激做出更多的反应；而黑暗会放松社会抑制，人们在黑暗的掩饰下较容易进行亲密、攻击和冲动的行为。

5. 颜色

颜色作为一种潜在环境的刺激,会影响人们的认知活动,从而在心智和身体运动上表现出不同的特点。颜色会影响个人的感受和表现,人们常将不同的情绪归因于颜色,如红色可使人的心理活动活跃,黄色可使人振奋,绿色可缓解人的紧张心理,紫色使人感到压抑,灰色使人消沉,白色使人明快,咖啡色可减轻人的寂寞感,淡蓝色可给人以凉爽的感觉。这虽然不是绝对的,但也隐含着人们知觉环境的方式。不同的颜色可产生不同的生理和心理反应,如红色为主动色彩,可使人产生努力进取的精神;蓝色为被动色彩,可制造一种轻松的气氛,从而化解紧张情绪。

因此,潜在环境的不同感觉输入,会导致个体对环境信息不同的加工和处理等认知活动,从而产生不同的心理和行为。

## 二、个体对潜在环境的认知

潜在环境激发情绪表现的性质,是人类行为的重要决定因素。但并非所有人对环境的反应都是相同的,这里存在明显的个体差异。个人的性格,尤其是与激发状态有关的反应,强烈影响人们对环境的反应,因此必须进行人格测量。在环境心理学中,常见的测量方法主要有以下几种。

### (一)明尼苏达多项人格量表

明尼苏达多项人格量表(Minnesota Multiphasic Personality Inventory,MMPI)是由美国明尼苏达大学教授哈瑟韦和麦金力于 20 世纪 40 年代制定的,是迄今应用极广、颇富权威的一种纸—笔式人格测验。

量表由 10 个临床量表(表 2-1)和 4 个效度量表(表 2-2)组成。

表 2-1 10 个临床量表

| 人格特质 | 表现特征 |
|---|---|
| 疑病 | 对身体功能的不正常关心 |
| 抑郁 | 与忧郁、淡漠、悲观、思想与行动缓慢有关 |
| 癔症 | 依赖、天真、外露、幼稚及自我陶醉,并缺乏自知力 |
| 精神病态 | 病态人格(反社会、攻击型人格) |
| 男性化/女性化 | 高分的男人表现敏感、爱美、被动、女性化;高分妇女表现男性化、粗鲁、好攻击、自信、缺乏情感、不敏感。极端高分考虑同性恋倾向和同性恋行为 |
| 妄想狂 | 偏执、不可动摇的妄想、猜疑 |
| 精神衰弱 | 紧张、焦虑、强迫思维 |
| 精神分裂 | 思维混乱、情感淡漠、行为怪异 |
| 轻躁狂 | 联想过多过快、观念飘忽、夸大而情绪激昂、情感多变 |
| 社会内向 | 高分者内向、胆小、退缩、不善交际、屈服、紧张、固执;低分者外向、爱交际、富于表现、好攻击、冲动、任性、做作、在社会关系中不真诚 |

表 2-2 4 个效度量表

| 量表项目 | 得分象征 |
|---|---|
| 疑问量表 | 得分高者即使身体无病,也总是觉得身体欠佳,表现为疑病倾向 |
| 说谎量表 | 分数高说明过分掩饰自己所存在的问题,心理防御过度 |
| 诈病量表 | 分数高表示被测试者回答问题不认真或者理解错误,装病 |
| 校正量表 | 分数过高可能是被测试者不愿合作 |

该问卷的制定方法是分别对正常人和精神病人进行预测,以确定不同的人在哪些条目上有显著不同的反应模式。

**(二)加州人格量表**

加州人格量表(California's Personality Inventory,CPI)的基本构思源于 20 世纪 40 年代后期美国加利福尼亚大学心理学家高夫博士的人格理论。该量表包括 260 个是非题,适用于 13 岁以上的正常人,测试时间为 30 分钟。测试涉及 18 个人格维度(表 2-3),每一个维度都是最基础的,是人们在人际交往过程中自然形成的。

表 2-3  加州人格量表的维度

| 人格维度 | 界定 |
|---|---|
| 人际关系适应能力支配性 | 领导能力及社会主动性等因素 |
| 进取能力 | 测量与地位有关或会导致地位的个人特质 |
| 社交能力 | 外向性、社交性及社会参与等特质 |
| 社交风度 | 个人与社会互动情境下的自在性、自发性及自信心 |
| 适意感 | 烦恼与抱怨的程度及自我怀疑的倾向 |
| 自我接受 | 自我价值感、自我接纳及独立思考的潜力 |
| 责任心 | 坚持性、可靠性等人格特征 |
| 社会化 | 社会成熟度及正直性的程度 |
| 自我控制 | 自我调适、自我控制的程度,及免于冲动与自我中心的程度 |
| 宽容性 | 宽容、接纳及不含评价性的社会信念与态度 |
| 好印象 | 希望创造好印象,关心别人对他的反应的程度 |
| 同众性 | 反应符合本测验所建立的常模组织的程度 |
| 成就潜能与智能效率顺从成就 | 当环境要求服从的行为时,有助于成就表现的特质 |
| 独立成就 | 当环境要求独立自主时,有助于成就表现的特质 |
| 智力效能 | 智能所能有效发挥的程度 |
| 个人生活态度及倾向心理感受性 | 对别人的内在需求、动机及经验的兴趣与敏感程度 |
| 灵活性 | 思考与社会行为的弹性和适应性 |
| 女性化 | 兴趣的男性化或女性化程度 |

(三)环境反应量表

环境反应量表(Environmental Response Inventory,ERI)是

由麦基奇尼发展的一种人格量表,是描述个人的性格倾向如何影响他们处理环境方式的一份量表,也是目前研究者使用最多的一种量表。

这份量表由 9 个维度(对古物的爱好、群居性、环境适应、环境信任、机械取向、隐私需求、田园主义、刺激追求和都市生活)共184 道题目构成。个人与物理环境的互动方式由这 9 个维度所组成的反应模式共同决定。目前,环境反应量表已由邦廷和卡普斯发展出适合儿童的版本,即儿童环境反应量表(Children's Environmental Response Inventory,CERI)。

### (四)定向反应测量

定向反应测量是莫拉比安发展的一种人格量表,以测量刺激过滤,即个人是否能有效地过滤无关的环境刺激。这一测量是针对环境心理学家最关心的问题——如何预测个人对环境刺激的反应所研发的,关心人与环境互动时的性质,这些性质的核心是定向反应,定向反应是所有有机体集中注意力去感觉环境中新奇刺激的行为。个人定向反应强度反映了他是否易于被环境刺激所激发。莫拉比安把能有效过滤环境中不重要信息的人称为过滤者,这些人不容易被激发,他们在拥挤和噪声大的环境中仍能照样工作。另一方面,非过滤者不能排除不必要的刺激,他们的神经系统容易接受过多的感觉信息,并且比过滤者更容易被激发,感受到更大的环境负荷,所以有些人需要在安静的环境中工作、学习。非过滤者比过滤者更容易受到愉快、激发情境的吸引,而且有可能避免不愉快、高度激发的环境情境。

# 第三章　环境压力与环境危害研究

作为人类赖以生存、活动的场所，环境对人们的物质生活和精神生活有着直接的影响，尤其是一些重大变动，如压力源的过度刺激、环境灾害、环境污染等，都会影响人类的生存和发展。因此，分析环境压力及其压力源，了解环境灾害与空气污染，正确应对环境压力与环境危害，对人类有着非常重要的意义。本章即对这些方面进行研究。

## 第一节　环境压力与环境压力源

### 一、环境压力

环境质量关系到国民的身体健康和生命安全。环境中的重大变动或者人类的生活行为都会影响环境质量，给环境带来压力。周围环境的压力常常是经常性的且难以处理，它们往往超过了个体适应的限度，使个体负担过重，因而产生消极的影响。例如，噪声、极端的气温、污染、拥挤和高密度等都可能产生环境压力。因此，对环境压力的基本理论知识进行分析是有效应对环境压力的基础。

#### （一）环境压力的概念

"压力（stress）"原指"直接或间接垂直作用于流体或固体界面上的力"，这是物理学中的概念，后经生理学家坎农引入生理学中,用来解释有机体对环境刺激的反应,为心理学者开辟了新的关于环境压力的探讨领域。

环境压力一般发生在环境的要求超出个人所能对付的范围时,这种压力对个体可能是有害的,也可能是有益的,但两者都会引起个体生理和心理的相关反应:适度的压力可以调动人的积极性;过度的压力会引发焦虑、愤怒等负面情绪,导致各种生理和心理疾病。塞尔耶把应激或环境压力引起的生理和心理变化过程划分为三个阶段。

第一,警戒反应阶段。这一阶段持续时间较短,身体聚集能量来处理导致环境信息负荷过高的事物,生理反应表现为心跳加快,呼吸急促,血压上升,肌肉紧张,皮肤电升高。

第二,抗拒反应阶段。这一阶段可能会感到不适甚至患病。身心感到倦怠、无力,并伴有不愉快的心境。

第三,衰竭反应阶段。这一阶段不但生理上因压力而衰竭,心理上也会体验衰竭感。如果个体长期面临环境压力,既会导致生理疾病,也会引发药物依赖、抑郁症和性格障碍等心理问题。

### (二)环境压力的类型

环境压力依据不同的分类标准可以分为不同的类型。

#### 1.以压力源为依据分类

按照压力源的强度可以将环境压力分为单一性生活压力、叠加性压力、破坏性压力,如表3-1所示。

表3-1 以压力源为依据分类的环境压力类型

| 压力类型 | 具体情况 | 强度 | 压力后效 |
| --- | --- | --- | --- |
| 单一性生活压力 | 在生活的某一时间阶段内,经历某种事件并努力适应 | 强度较低 | 多为正面的,大多有利于人们应对未来的压力,即使是负面的,也不足以使人崩溃 |

续表

| 压力类型 | | 具体情况 | 强度 | 压力后效 |
|---|---|---|---|---|
| 叠加性压力 | 同时性叠加压力 | 在同一时间内有若干可构成压力的事件发生 | 有一定的强度 | 有的人会在"四面楚歌"的同时性叠加压力中倒下 |
| | 继时性叠加压力 | 两个以上能构成压力的事件相继发生,前者产生的压力效应尚未消除,后继的压力又已发生 | 强度较大 | 有的人在衰竭阶段能被后继压力冲垮,"祸不单行" |
| 破坏性压力 | | 又称极端压力,包括战争、大地震、空难以及被攻击、绑架、强暴等 | 强度很大 | 可能会导致创伤后压力失调、灾难症候群、创伤后压力综合征等 |

**2.以压力的承受位为依据分类**

按照压力的承受位可以将环境压力分为生理压力和心理压力。其中,生理压力即个体的身体对环境威胁产生的反映;心理压力即在心理层面对压力源的意义的评估。

**3.以学科为依据分类**

无论何种环境压力,都可以把它纳入以下三个方面:生态学方面的压力、社会学方面的压力和本人造成的压力。

(1)生态学方面的压力。生态学方面的压力是指由外部环境中物理事件所产生的压力。例如温度(高温或低温)刺激引起的环境压力。它包括寒冷、酷热、空气污染、日光和灯光照射、听觉和嗅觉刺激、重力作用、大气压和温度等。另外一些生态学方面的环境压力可称为相倚压力,即因对有机体产生重大影响的外部事件而存在的环境压力,如因工作在空气被污染的厂房里导致鼻炎而造成的环境压力,或因飞机失事导致伤残所造成的环境压力。

(2)社会学方面的压力。社会学方面的压力是指由社会、文化、风俗习惯等对个体的影响所造成的压力。它包括社会政治经济状况、交通安全、生活水准、工作情况、居住条件、受教育水平、福利待遇、文娱设施等。其他的社会学方面的压力还有偏见、时尚、舆论和规范准则等。

（3）本人造成的压力。本人造成的压力是指因个人人格特点、生活方式所致，也包括自愿摄入所导致的压力。如独特的人格特征（如 A 型行为模式）、兴趣爱好、婚姻观念、价值体系和职业选择等所带来的压力，抽烟、酗酒、怪僻嗜好以及某种药品依赖等的副作用所引起的压力。

尽管压力多种多样，但所有的压力都具有特定性和概括化的双重作用。不同的环境会使个体做出不同的反应，这是特定性的表现，同时个体对不同的环境具有普遍的共同心理和生理变化，这是概括化的作用，这种双重作用能使个体更快地认识环境，同时，更好地适应环境的变化。

### （三）环境压力的理论

多年来，环境压力一直受到研究者的重视和青睐，现在仍是心理学、社会学、生理学和环境科学等学科关注的中心论题之一。但由于环境压力的复杂性，今天尚无一种公认的压力理论，这也表明需要各有关领域的研究者加强交叉学科研究。目前，学界关于环境压力的理论主要有以下几种。

#### 1.唤醒理论

伯伦将唤醒表述成处于连续体中的状态，这个连续体一端是睡眠状态，而另一端是兴奋状态或者其他非睡眠状态下的增强活动。唤醒主要表现在生理反应上的自主性活动增强。比如心跳加快、血压升高、呼吸加快、肾上腺素提高等。同时，这种唤醒的提高也可能表现在行为上，比如肌肉运动增强或是个体报告唤醒水平升高。

当遇到唤醒的环境应激时，我们会出现一定的唤醒行为对待应激。一方面，唤醒会促使我们去寻找有关其内部状态的信息，我们会试图去寻找解释唤醒及其产生的原因。另一方面，唤醒表现为个体会寻求别人的看法。个体通过与别人的比较来评价自己的行为。

### 2.环境负荷理论

环境负荷理论源于对注意和信息加工的研究,尤其探讨了对新奇和意外刺激的反应。归结起来,环境负荷理论主要包括以下五方面的内容。

第一,我们加工外部刺激的能力是有限的。每一次对输入刺激的注意力也是有限的。

第二,当来自环境的信息量超过个体加工信息的最大容量时,就会导致信息超载。信息超载的一般反应是视野狭窄,即我们忽略那些与手头任务不太相关的信息,但对于有关的信息则给予更多的关注。

第三,当一个刺激出现时(或个体觉得这个刺激出现时),就会要求个体有相应的适应性反应,刺激越大,越不可测或越不可控制,需要个体给予的注意力就越强。

第四,通过减少信息加工或者有利于恢复健康和体力的环境,注意力疲劳可以得到改善。

第五,一个人的注意力会随着刺激的大小而变化。长时间的注意可能会导致注意衰竭;超负荷的注意会导致心理错误增加,很容易酿成事故。

### 3.资源保护理论

资源保护理论的代表人物有霍布夫和费力蒂。

霍布夫认为人们的重要资源(包括社会、心理及物质资源)的受损程度及把这种损失最小化的能力决定了人们所承受的压力的大小。[①]

费力蒂对雨果飓风的影响进行了研究,指出有形资产、无形

---

① Stevan E. Hobfoll. *Conservation of resources: A new attempt at conceptualizing stress*[J]. American Psychologist,1989(3):513.

资产、社会资源以及个人能力等资源的损失必然导致灾难后的痛苦和压力。在飓风过后的两到三个月里,资源损失直接关系到悲痛,而且在对灾后影响进行预测时,损失是最有预测力的因素。

### 4.适应水平理论

沃威尔借鉴了赫尔森提出的关于感知的适应水平理论,认为环境中有三个维度决定了环境刺激:强度、多样性和模式。在多样性维度上,环境的复杂性居于适中的情况下才能最大限度地吸引个体,并使个体产生愉悦感而不是产生压力。例如温度、噪声甚至是复杂的路边景色,无论环境的复杂性如何,我们都喜欢最佳的水平。

沃威尔提出,最佳刺激的确定由个体的经验决定。个体的经验受到文化和环境的影响,因此,最佳刺激会随着时间的推移以及不同刺激对个体的影响而变化。

## 二、环境压力源

压力源也叫应激源或紧张源,顾名思义,就是压力的来源,是指对个体的适应能力进行挑战、促进个体产生压力反应的因素。环境压力源无所不在,但其强度和影响力又有很大的差别。一般来说,常见的环境压力源主要有自然灾害、环境污染、空气污染、个人压力源和背景压力源等,其中,自然灾害与空气污染在本章第三节有详述,此处只对其他几种压力源进行具体分析。

### (一)环境污染

环境污染大多属于人为环境灾害,包括有害物质对大气、水源、土壤和食物的污染,以及噪声、恶臭、放射性物质、核废料对环境的损害(图 3-1),这些都会对人类的身心健康产生直接或间接的影响。

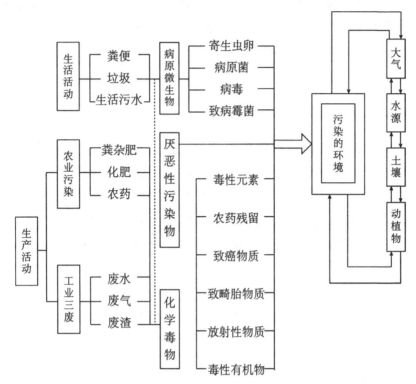

图 3-1　环境污染物的主要来源①

　　在环境污染中,较为严重的是由高科技所带来的环境灾害,例如漏油事件、辐射外泄、有毒废料渗流和大规模的爆炸等,这都会给环境和人类造成极大的危害。

　　一般来说,当环境部分地被人为污染物侵蚀时,如果污染程度较小,那么,由于环境的自净作用,仍可保持环境的动态平衡,不会给人类造成危害。通常污染物总是小剂量、长期作用于人体,其消极影响是逐渐积累的,短期内不一定显示出明显的危害作用,时间长了也会引发相应的疾病。但是,如果污染物的数量很大,远远超过了环境自身的承受能力时,就有可能破坏生态平衡,给人类带来灭顶之灾。在较为严重的环境污染面前,人们觉得对生活缺乏控制,在需要持续力的作业上表现较差,而且会出现多种压力症状。

### (二)个人压力源

个人压力源指个体体验的应激性生活事件和一些烦心的日常琐事,如疾病、亲人死亡或者失业等。个人压力源对个体的冲击强度不等,有的是以灾难性强度的表现方式冲击个体,有的可能是微不足道的小事强度影响个体,虽然是小问题,但如果数量过多,这些小小的不幸或不顺心加在一起也会把人弄得疲惫不堪,甚至把人彻底拖垮。心理上的压力事件对个体身体影响很大,如内分泌失调和免疫力下降,更有甚者可能会出现精神疾病以及癌症等。

### (三)背景压力源

背景压力源是指强度较低、持续时间长、几乎成为常规的应激源。其特点是重复性和持续性。背景压力源可分为生活事件和环境刺激两个部分,生活事件(微小压力源)是一些稳定的、强度不大的日常生活问题;环境压力源是指长期的整体的环境状况,比如大气污染、噪声、拥挤等。

背景压力源是日常生活中难以躲避的压力源,这些稳定持续的刺激潜移默化地影响着人们的情绪状态,长期的情绪状态形成的个人不良心境也会引起事故和疾病以及免疫力的下降。

## 第二节　环境压力的有效应对

适当的环境压力是保持生命活力和增强个体生存能力的必要条件。但是过度的和长期的环境压力会给个体造成损害,会对个体的身心发展产生影响。因此,探讨如何有效应对过度的环境压力是非常有意义的。本节主要从环境压力的防御机制以及减压对策两个方面具体分析。

## 一、环境压力的防御机制

在人类生活的早期，人们往往只是用本能反应来面对压力，这些本能反应就是防御机制。防御机制一般通过焦虑的途径来唤起，正像人们日常生活中所看到的那样，挫折和冲突也常常蕴含在防御机制里面。防御机制的保护作用使得人们在突发事件或威胁情境面前泰然自若，应付自如。同时，伴随焦虑而来的烦恼意识也会消失得无影无踪。因此，处于剧烈紧张环境下的人们常常利用防御机制，使自己从环境压力中得到解脱。

### （一）压抑

压抑是各种防御机制中最基本的方法。压抑是指个体将一些自我所不能接受或具有威胁性、痛苦的经验及冲动，在不知不觉中从个体的意识中抑制到潜意识里去的现象。个体在面对不愉快的情绪时，不知不觉有目的地遗忘，并不是因时间久而自然忘却。

一般来说，压抑常常是一组令人恐惧的冲动或思想，这些冲动和思想来自人们的自我意识。尽管人们很少或没有意识到那些被压抑的欲望和思想，但是它们仍保存在人们潜意识的范围里，使人们受到折磨，并且力图使人们的行为改头换面，间接地表现出来。压抑有时也会导致失去记忆，但不是每一次的压抑都会导致失去记忆，只有个人主观认定极端可怕的经历，才会导致失去记忆。

压抑的内容往往是令人恐惧的冲动或思想。例如，我们常说"我真希望没这回事""我不要再想它了"，或者在日常生活中，有时我们做梦、不小心说溜了嘴或偶然有失态的行为表现，都是这种压抑的结果。

压抑减少了个体恐惧的痛苦的意识，同时在某种程度上阻碍了人们的意识，从而引起意识刻板印象，导致许多无效行为。同时,某些压抑也是个体正常发展的一部分内容。个体生活在现实社会生活中,必须自觉接受社会的规范、准则,从而与社会发展保持协调关系。因此,所有个体在社会生活的某些范围内都在有效地运用压抑,压抑意识里与道德规范、行为准则相违背的东西,使得个体的发展符合社会的要求,从而在环境中避免很多无谓的烦恼和痛苦。

### (二)否认

否认是一种比较原始而简单的心理防御机制,其方法是把已发生的痛苦与不快加以否定,就像它根本没有发生过,也就是说,否认就是拒绝看到或听到令人不愉快的、具有威胁和恐惧的事件的真实方面。

否认现象在日常生活中处处可见,例如,小孩子闯了祸,用双手把眼睛蒙起来。许多人面对绝症,或亲人的死亡,常会本能地说"这不是真的",用否定的方式来逃避巨大的伤痛。

否认与错觉并不适用于每一种情况。例如在医院确认疾病的情况下,病人利用否认机制就是不妥的。不过在无能为力的情况时,否认与错觉仍不失为有效的适应方式。

### (三)反向

反向就是以"矫枉过正"的形式处理一些不能被接受的欲望与行动,即当个体的欲望和动机不为自己的意识或社会所接受,唯恐自己会做出不当的行为时,就将其压抑至潜意识,并再以相反的行为表现在外显行为上。简单地说,反向者表现的外在行为与其内在的动机是相反的。

反向的关键,在于意识化的情感和行为的夸张程度。过分要求个体掩盖这种倾向,其结果必然会使其内心产生混乱,在外部行为上表现为不知所措。例如,人类在交往过程中,往往会隐藏自己的缺点,并会有与自身缺点相反的表现,如有暴力倾向的男士在与女士交往之初往往会表现得特别温柔、善解人意。

反向行为如使用适当,可帮助人适应生活;但如过度使用,不断压抑自己心中的欲望或动机,且以相反的行为表现出来,就会使个体不敢面对自己,而活得很辛苦、很孤独,甚至形成严重的心理困扰。

### (四)无意识行为

无意识行为指人们对自己的身心状态不能清楚知觉情况下的行为。无意识行为常出现在人们不能接受紧张的强度时,它直接或象征性地表达了人们的欲望、需要。那些在行为上显示无意识行为的个体,常常说这样一句话:"我不知道为什么我这样做。"

那些具有不适当自我控制的人们和清醒认识自己良心的人们,肯定会选择无意识行为,并把它作为处理应激的最方便的方法。无意识行为能够帮助个体从不能接受的、冲动的痛苦意识中获得暂时的安慰,但是这样并不会导致自我顿悟,从而使问题得到满意的解决。

### (五)幻想

幻想主要是指以想象的方式来满足现实中不可能实现的欲望。在幻想世界中,可以不必按照现实原则与逻辑思维来处理问题,可依个体的需求,天马行空,自行编撰。幻想与常说的"白日梦"相似。幻想可以是一种使生活愉快的活动(很多文学、艺术创作都源自幻想),也可能有破坏性的力量(当幻想取代了实际的行动时)。

当个人遇到现实困难时,因无力处理这些问题,便以幻想的方式,使自己脱离现实,在幻想中处理心理上的纠纷,让欲望得到满足。积极的幻想是构成创造的重要因素,常常成为科学发明的先导,但是,当幻想过多时,往往会代替人们所面临的现实情景,使人们对现实生活熟视无睹,整天显得恍恍惚惚,沉醉在虚无缥缈的幻境中,异想天开,松懈人的意志,麻痹人的思想,从而影响人们正常的学习、生活和工作。

可以说,幻想使人暂时脱离现实,使个人情绪获得缓和,但幻想并不能解决现实问题,人必须鼓起勇气面对现实并克服困难,才能解决问题。

## 二、减少环境压力的方法

除了上面所说的防御机制能减缓紧张、减少环境压力外,还有许多其他方法能够减少环境压力带来的忧虑和痛苦。

### (一)通过替代缓解压力

替代是指刺激与刺激间或反应与反应间彼此替代的情形。在日常生活中,经常可以看到,婴儿在焦虑的时候直接与母亲的身体接触就能逐渐放松。成年人面对悲伤时,也同样依靠和其他人的接触、交往而获得安慰、同情和帮助,避免使自己陷入极端紧张的陷阱。

在面临环境压力的时候,那些食物和饮料的心理价值,能够使人们暂时离开他们紧张的目标,使压力得到一定程度的松弛,心境回复到宁静的境界,情感变得稳定起来。在这个意义上,食物和饮料成了压力的代替品。对于处于环境压力中的人们来说,这是一个极其有效的方法。

### (二)宣泄心中的不愉快

宣泄就是采用语言、动作、感觉甚至想象等活动,使个体的情绪放松,使其原来的心理冲突或压抑的各种不愉快的经验发泄出来,以减轻心理紧张所带来的痛苦。例如,笑、哭、骂等方式都会减轻面临的应激与压力而产生积极的影响。

### (三)将自己的情感转移到其他物体上

转移是指原先对某些对象的情感、欲望或态度,因某种原因(如不合社会规范或具有危险性或不为自我意识所允许等)无法向其对象直接表现,而把它转移到一个较安全、较为大家所接受的对象身上,以减轻自己心理上的焦虑。例如现在许多中年人因为孩子不在身边就养个宠物,将自己对孩子的疼爱转移到宠物身上。

转移有多种形式,有替代性对象的转移、替代性方法的转移、情绪的转移。事实上,转移使用得当,对社会及个人都有益,但转移不当就会造成伤害,所以要合理使用转移这种防御机制才能缓解环境压力带来的损害,转移得当甚至能起到良好的助人助己作用。

### (四)内驱力升华

升华就是将一些本能的行动如饥饿、性欲或攻击的内驱力转移到自己或社会所接纳的范围。升华是一种很有建设性的心理作用,也是维护心理健康的必需品,能帮助个体积极地应对压力,是一种积极的防御机制。司马迁的《报任安书》中写道:"盖西伯拘而演《周易》;仲尼厄而作《春秋》;屈原放逐,乃赋《离骚》;左丘失明,厥有《国语》;孙子膑脚,《兵法》修列。"这些名著的产生都是作者内驱力升华的表现。

### (五)培养积极的人格

#### 1.乐观

人们对压力源的认知评价、应对方式、个性等方面的综合,导致人们的一系列心理、生理和行为反应,最终决定着人们是健康抑或疾病。而乐观主义者在应对压力时,不仅感到更多的可控制性,而且能更好地处理压力事件,并且享受健康。因此,在面对环境压力时,一定要乐观。

#### 2.坚强

坚强的人一般心理状态高度稳定,能坚持不懈,持之以恒地把注意力集中于某个问题上，能顽强地克服困难。坚强的人也能积极地面对生活，会把变化看作可以促进他们成长与发展的催化剂，相信自己能有效地控制生活，并能很好地将自我和人生目的结合起来。因此，坚强也是应对环境压力时不可或缺的一种人格品质。

### （六）改变认知方式

不同的认知方式会令个体对压力产生不同的心理感觉。对环境压力有着正确认知的人在面对压力时能很快主动求助，有效利用社会资源，短时间重建自尊自信，提升主观幸福感。改变认知方式可以从以下两个方面入手。

第一，重新评价情境。个体对情境或刺激的思考方式将会影响其情绪感受。重新评价可以使愤怒化为同情、忧虑转为果断、损失变成良机。

第二，从经验中学习。经验使人变得更坚强、更愉快，甚至会成为一名品质更优秀的人。

### （七）寻求社会支持

社会支持是个体面临压力的缓冲剂，建立和维持强有力的社会支持系统可以缓解环境压力，包括家人、朋友、社会组织和团体等。社会关系可以减少个体的应激，所以它有助于减少人们感染疾病的危险。人们在遭遇环境压力时，可以通过自己的社会关系网来帮助自己应对一些可能存在的不利事件。

### （八）培养幽默感

笑是我们表达幽默的常用方式。研究发现，爱笑的人的黏液中抗体免疫蛋白质 A 的含量更多，有利于减少精神压力。因此，幽默是一种应对环境压力的方式，培养幽默感对于应对环境压力具有积极作用。

### （九）学会放松

应对压力所带来的生理紧张和消极情绪的最直接的方式就是平静下来，学会放松，暂时停止工作，通过沉思、冥想或者放松来降低身体的生理唤醒。可以通过深呼吸来放松自己，也可以加强锻炼，人锻炼得越多，他们的焦虑、抑郁、易怒情绪就会越少，患感冒和其他疾病的概率也会越小。尤其是有氧运动，它能缓解压力，减轻抑郁和焦虑。

上述方法可以逐步缓解人们面对环境压力时的焦虑以及不安，逐步进行放松，排除压力事件所造成的内心感受，长此以往，使人们逐步达到身心放松、减缓环境压力的目的。

# 第三节　环境灾害与空气污染

当下，环境问题变得越来越不可忽视。地震、海啸、洪水等自然灾害以及有毒气体、噪声、气候变暖等环境问题，对人的影响是缓慢的，甚至是悄无声息的，有时候人们根本意识不到慢性危险的存在，可是造成的结果却是严峻的。本节主要对环境灾害和空气污染进行详细分析。

## 一、环境灾害

一切危害人类和其他生物生存和发展的环境结果或状态的变化，均称为环境问题，即环境灾害。进入工业文明时代以来，科学技术突飞猛进，人口数量急剧膨胀，经济实力空前提高。在追求发展的同时，人类对自然环境展开了前所未有的大规模的开发利用，这也引发了深重的环境灾难。这里把环境灾害分为自然灾害和科技灾难。

**（一）自然灾害**

自然灾害是由自然界的力量引发的，不受人力控制。因为它们是控制地球和大气的自然界的产物，所以人们必须学会应对自然灾害。

**1.自然灾害的类型**

自然灾害包括以下几种。

（1）火灾。火灾（图 3-2）是指在时间或空间上失去控制的灾害性燃烧现象。在各种灾害中，火灾是最经常、最普遍地威胁公众安全和社会发展的主要灾害之一。

图 3-2　火灾

（2）水灾。一般所指的水灾，以洪涝灾害（图 3-3）为主。水灾威胁人民生命安全，造成巨大财产损失，并对社会经济发展产生深远的不良影响。例如 1998 年特大洪水，全国共有 29 个省（区、市）遭受了不同程度的洪涝灾害，受灾面积达 3.18 亿亩，成灾面积达 1.96 亿亩，受灾人口 2.23 亿人，死亡 4 150 人，倒塌房屋 685 万间，直接经济损失达 1 660 亿元。

（3）旱灾。旱灾（图 3-4）指因气候酷热或不正常的干旱而形成的气象灾害。一般指因土壤水分不足，农作物水分平衡遭到破坏而减产或歉收从而带来粮食问题,甚至引发饥荒。

图 3-3　水灾

图 3-4　旱灾

　　(4)地震。地震(图 3-5)又称地动、地振动,是地壳快速释放能量过程中造成的振动,期间会产生地震波的一种自然现象。地震常常造成严重人员伤亡,能引起火灾、水灾、有毒气体泄漏、细菌及放射性物质扩散,还可能造成海啸、滑坡、崩塌、地裂缝等次生灾害。在我国,至今人们仍对唐山大地震和汶川大地震记忆犹新,这是中华人民共和国成立以来破坏力最大、伤亡最严重的两次地震。

图 3-5 地震

（5）山崩。山崩（图 3-6）是山坡上的岩石、土壤快速、瞬间滑落的现象。暴雨、洪水或地震可以引起山崩。过度伐木和破坏植被，路边陡峭山体的开凿，漏水的管道等都有可能引起山崩。山崩会造成很大的灾害，严重时可以毁灭整个村庄，砸死人畜，毁坏工厂、电站，堵塞道路。山崩后的石块、土块大量落入河道中，还会阻塞河流，形成洪水灾害。

图 3-6 山崩

（6）雪崩。雪崩（图 3-7）就是雪体崩塌，当山坡积雪内部的内聚力抗拒不了它所受到的重力拉引时,便向下滑动,引起大量雪体崩塌。它还能引起山体滑坡、山崩和泥石流等可怕的灾害,是积雪山区的一种较严重自然灾害。

图 3-7　雪崩

(7)台风。台风(图 3-8)是一种自然灾害,它以台风中心为圆心在数十千米范围内形成气旋风暴,有极强的破坏力。台风过境时常常伴有狂风暴雨天气,引起海面巨浪,严重威胁航海安全。台风登陆后带来的风暴可能摧毁庄稼、各种建筑设施等,给附近居民造成生命、财产等巨大损失。

图 3-8　台风

(8)海啸。海啸(图 3-9)是由海底地震、火山爆发、海底滑坡或气象变化产生的破坏性海浪。呼啸的海浪冰墙每隔数分钟或数十分钟就重复一次,摧毁堤岸,淹没陆地,夺走人们的生命财产,破坏力极大。

**图 3-9　海啸**

(9)冰雹。冰雹(图 3-10)是一些小如绿豆、黄豆,大似栗子、鸡蛋的冰粒,具有强大的杀伤力。雹灾是中国严重灾害之一。猛烈的冰雹能损毁庄稼,损坏房屋,砸伤人畜;特大冰雹甚至会致人死亡、毁坏大片农田和树木、摧毁建筑物和车辆等。

**图 3-10　冰雹**

（10）泥石流。泥石流（图 3-11）是指在山区或者其他沟谷深壑，地形险峻的地区，因为暴雨、暴雪或其他自然灾害引发的山体滑坡，并携带有大量泥沙以及石块的特殊洪流。通常泥石流爆发突然、来势凶猛，可携带巨大的石块，高速前进，具有强大的能量，因而破坏性极大。发生泥石流常常会冲毁城镇、乡村，造成人畜伤亡，破坏房屋及其他工程设施，破坏农作物、林木及耕地，淤塞河道等，造成巨大生命财产损失。

图 3-11  泥石流

（11）火山爆发。火山爆发（图 3-12）是指地球内部的熔融物质在压力作用下喷出。火山所在地往往是人烟稠密的地区，猛烈的火山爆发会吞噬、摧毁大片土地，将附近村庄烧为灰烬。

图 3-12  火山爆发

## 2. 自然灾害的特点

首先,自然灾害最具代表性的特征是不可控性。因为人们并不能指引地震发生在某个地区而远离这一地区,它们在哪里或以什么规模出现是由自然条件决定的。

其次,自然灾害往往发生突然,而且一般是不可预测的。除了干旱和寒冷等的时间或许会持续得久一些,风暴和地震等大多数灾难都结束得很快。人们虽然能获得一些预警,但通常没什么时间准备或逃离,而且并不能预测灾难发生的准确地点。

最后,自然灾害的破坏力有时非常巨大,而且常常是实实在在的。

## 3. 自然灾害对心理的影响

自然灾害所导致的问题并不仅仅是生命和财产的损失,同时还包括诸多心理问题。自然灾害发生后,心理病理程度会显著提高。自然灾害对人类心理的影响主要表现在即时反应和长期影响两个方面。

首先,即时反应。遇到突发性的自然灾害,人们的反应可能是被吓到了。一些人面对灾难的即时反应是撤退,大多数人是震惊,还有些人的反应却是不相信、伤心。自然灾害还带来了压力、焦虑、沮丧和其他诸如此类的不安情绪,它限制了人们的行动自由及活动范围,耗尽了资源,并造成人员短缺现象,从而导致一个社区的崩溃与瓦解。不过,灾难的结果可能是积极的,因为它增强了社会凝聚力,比如在汶川地震中,受灾群众和爱心人士自发地聚在一起相互救援。

其次,长期影响。随着灾难事件的过去,人们的心理健康问题及与应激有关的反应也会随之减少。灾难的持续影响如果比较深刻,就被称为创伤后应激障碍,这种障碍令人衰弱而且难以解决,因此常被看作灾难引起的一种极端结果。

**（二）科技灾难**

随着科技的不断发展，人们的生活水平得到了跨越式的提升，但伴随而来的，是危害性极强的科技灾难。

**1.科技灾难的类型**

常见的科技灾难主要有以下几种。

（1）交通事故。交通事故（图3-13）是指车辆在道路上因过错或者意外造成人身伤亡或者财产损失的事件。交通事故又可分为汽车事故、火车事故以及飞机失事。

**图3-13　汽车事故**

（2）有毒化学物质泄漏。有毒化学物质是指凡是以小剂量进入机体，通过化学作用导致机体健康受损的物质。近年来，随着我国化学工业的迅速发展，在生产、使用、储存、运输、废弃等各个环节涉及的危险化学品种类、数量不断增加，有毒物质泄漏事故（图3-14）数量也急剧上升，对国家和人民的生命财产以及生态环境造成极大的危害。

（3）桥梁坍塌。桥梁坍塌事故（图3-15）是在桥梁的建设和后期应用中所面临的会造成极大危害的事故。无论是哪一种，都会危及人身安全，造成财产损失。

图 3-14　有毒化学物质泄漏

图 3-15　桥梁坍塌

　　（4）电力系统故障。电力系统故障（图 3-16）是指设备不能按照预期的指标进行工作的一种状态，也就是说设备未达到其应该达到的功能，其故障包括发电机组故障、输电线路故障、变电所故障、母线故障等。电力是国民经济的基础，是重要的支柱产业。它与国家的兴盛和人民的安康有着密切的关系，电力系统故障直接影响到民生。

图 3-16　电力系统故障

2.科技灾难的特点

首先,科技灾难不是自然力量的产物,是人为的,是由人类的过失或失算造成的,或者说是人类广阔的技术领域里的失败所造成的。

其次,科技灾难通常比自然灾害更有可能威胁人们的控制感,它动摇了人们对事物的控制力的信心,降低了人们对科技的想当然的支配感,进而导致压力的产生。

再次,与自然灾害不同,科技灾难过后,更可能发生的也许是邻居之间的争论与冲突。人们对这些事故只有愤怒、挫败、怨恨、无助、防御以及其他一些极端态度,而找不到任何支持、合作的迹象。

最后,科技事故根本不可预测,科技灾难的打击通常是突然的,没有任何预警,而且这些事故发生的速度也使它们很难被避免。

3.科技灾难的影响

科技灾难的受害人普遍体验着长期的精神痛苦,包括情绪障碍。灾难所带来的一个十分明显的后果就是更多的强迫思维以及对灾难的回忆。持续的创伤后应激障碍会加重抑郁或其他心理障碍。除了会带来悲痛,科技灾难一般还会导致行为受限、控制感丧失以及伴随着这些状态的其他问题。

## 二、空气污染

### (一)空气污染的概念

环境污染中较为人们熟悉的是空气污染。所谓空气污染,即指空气中含有一种或多种污染物,其存在的量、性质及时间会伤害到人类、植物及动物的生命,造成财物损失,或干扰舒适的生活环境。

根据国家环保局的统一规定,我国空气质量按 API 值划分为五级:0～50 是一级,空气质量为优;51～100 是二级,空气质量为良;101～200 是三级,属轻度污染;201～300 是四级,属中度污染,敏感体质人群有明显反应,一般人群中也可能出现眼睛不适、气喘、咳嗽、痰多等症状;大于 300 为五级,属重度污染,此时健康人群也会出现明显症状,运动耐力降低,可能会提前出现某些疾病,应避免户外活动。

空气中的某些有害物质一旦吸入人体会产生危险,有的甚至是致命的。呼吸污染了的空气,肺癌、鼻咽癌、鼻窦癌和皮肤癌的患病率明显增高。同时,污染了的空气也影响人们的行为,并且以一种较为直接的方式影响行为,会让人产生更多的消极情感,并对周围环境和他人表达了消极的感受。随着社会经济的快速发展、人民生活水平的逐渐提高及环保意识的不断增强,人们对环境质量的要求提高了,对空气污染的关注也随之增多了。

### (二)空气污染的来源

空气污染主要是由自然因素和人为因素两个方面造成的。火山爆发、森林火灾、腐烂的动植物、煤田、油田等释放出的有害气体造成的空气污染属于自然污染,而工业生产、农业生产、交通运输、居民日常生活活动等造成的空气污染属于人为污染。其中,后者是现今空气污染的主要来源。

### 1.汽车尾气

随着经济的快速发展,城市中机动车拥有量迅速增长,机动车尾气已成为城市空气最重要的污染源,如图 3-17 所示。尾气中对人体有害的成分主要有铅、一氧化碳、氮氧化物、碳氢化合物以及由尾气在光作用下产生的一种具有强氧化作用的烟雾,会导致人们出现眼睛红肿、流泪、咳嗽、呼吸困难、喉痛、胸病,甚至心肺功能衰竭等症状。

**图 3-17　汽车尾气污染**

### 2.煤烟

近年来,我国因燃煤排放的二氧化硫(图 3-18)急剧增加,目前排放总量已居世界首位。二氧化硫排放量剧增进一步加重了城市大气污染,使酸雨范围不断扩大。酸雨和二氧化硫不仅危害人类健康,而且腐蚀建筑材料,破坏生态系统,已成为制约社会经济发展的重要因素之一。

图 3-18　二氧化硫排放

### 3. 工业废气

工业废气(图 3-19)是造成酸雨的第二大污染源,如炼钢厂、化工厂、炭黑厂、造纸厂等排放的废气使许多地区酸雨频频出现。

图 3-19　工业废气

### 4. 餐馆与街头烧烤

近年来,随着服务行业尤其是餐饮业的迅速发展,餐馆与街头烧烤的污染(图 3-20)也越来越严重。很多小餐馆开在居民楼下,炒菜做饭的时候各种油烟挟带着各种气味直冲楼上,严重影响了居民的生活。街头烧烤更是随处可见,尤其是夏天,烧烤摊生意格外红火,但烧烤的烟雾也造成了空气污染,而且屡禁不止,成为城市环境治理的一大难题。

**图 3-20　街头烧烤**

### 5.室内污染

人一生中约有 70%～90% 的时间在各种不同的室内环境中度过,人类的很多疾病都是由室内污染引起的,如建筑与装修材料污染、二手烟污染、人体污染等。室内空气污染已被世界卫生组织列为人类健康的十大威胁之一。

建筑与装修材料主要包括甲醛、苯类、氨气、氡等污染物。甲醛可能导致癌症、胎儿畸形。苯类可引起头晕、胸闷、恶心、呕吐等,还会引发血液病和癌症。氨气会损害呼吸道、眼黏膜和皮肤,引起流泪和头痛。氡是导致肺癌的重要原因之一。

二手烟污染有焦油、氨、尼古丁、悬浮微粒、PM2.5、钋-210 等超过 4000 种有害化学物质及数十种致癌物质,是危害最广泛、最严重的室内空气污染,是全球重大死亡原因之一。

人体污染是指人体会排出多种有毒物质,消化系统、皮肤表面分泌物及化妆品都会造成对空气的污染,有传染病的人也可能将自身的病菌传染给他人。大型办公室或公共活动场所聚集的人数众多,过多的人也是一个重要污染源之一。

### (三)空气污染的现状

几百年前,人们可能已经承受着空气污染的威胁。为了自身的生存,人们早就开始改变环境了,由此引发的空气污染也就有很长的历史了。随着城市化和工业化的进程,人们越来越多地使用煤、石油等矿物燃料,由此所产生的废气、烟尘释放到周围空气中,污染人们的居住环境。然而,起初人们只是把这些污染视为城市生活的一部分。随着人口的急剧增加、人类经济的飞速增长,地球上的空气污染也逐年加剧,严重威胁着人类的健康。目前,全球性空气污染问题主要表现在温室效应、酸雨和臭氧层破坏三个方面。

在我国,虽然政府一直致力于空气污染的防治工作,也取得了一定的成效,但是由于我国能源结构中有 75% 是由煤为原料组成的、机动车数量也越来越多、工业生产需要等种种原因,我国空气污染状况仍然十分严重,主要表现为:城市大气环境中总悬浮颗粒物浓度普遍超标;二氧化硫污染保持在较高水平;机动车尾气污染物排放总量迅速增加;氮氧化物污染呈加重趋势;全国形成华中、西南、华东、华南多个酸雨区,以华中酸雨区为重。

### (四)空气污染的影响

#### 1.空气污染对视觉的影响

视觉线索包括大气的能见度、可见烟雾、所用物品上的灰尘等。其中霾和雾霾对视觉的影响最大。霾的本质是"细颗粒污染",主要由汽车尾气、工业废气和施工扬尘等引起,也称为灰霾。霾还能与雾气或水汽结合在一起,形成灰蒙蒙的景象,也称为雾霾天气。我国城市全年的灰霾和雾霾天数正在快速增长。在雾霾天气,受能见度的影响,交通事故的发生率比晴天要高得多。

### 2. 空气污染对人体健康的影响

人需要呼吸空气以维持生命,一个成年人每天呼吸 2 万多次,吸入空气达 15～20 立方米。因此,被污染的空气对人体健康有直接的影响。空气中的有害物质主要通过人的直接呼吸、附着在食物上或溶于水中被人食用、接触或刺激表面皮肤三条途径侵入人体,其中通过呼吸而侵入人体是最主要的途径,危害也最大。

很多人喜欢在清晨锻炼,不管天气如何,总觉得锻炼就是好的。殊不知,雾霾之下,人人都成了吸尘器,在雾霾中晨练,无异于慢性自杀。构成雾霾的细颗粒中,PM2.5 比 PM10 对人体健康损害更大。后者只会吸入肺部,前者可以直接吸入肺泡,进入血液。这些微粒还能吸附重金属、有机污染物、致病微生物等大量有害物,裹挟着一起进入人体,长期处于雾霾之下,大量吸入其中的"气溶液粒子",会导致一系列疾病。

在主要空气污染物中,一氧化碳阻止人体组织(包括脑和心脏)吸收足够的氧气而造成缺氧状态,长期暴露于高浓度的一氧化碳环境中会引起视力与听力损伤、震颤性麻痹、癫痫症、头痛、乏力、记忆减退、反应迟钝甚至精神病。

二氧化氮损害呼吸功能、降低人体对疾病的抵抗力。光化烟雾会引起眼睛发炎,呼吸道疾患,心血管损坏,甚至导致癌症。空气中的汞、铅、石棉等微粒会引起呼吸系统疾病、癌症、贫血、神经系统等疾病。

要注意的是,空气污染常常是多种污染物同时作用,引起"空气污染综合征",其特点是头痛、乏力、失眠、眼疾、背痛、判断力下降、肠胃不适、机体内免疫功能衰退、癌变等。

### 3. 空气污染对心理健康的影响

空气污染会引起心理问题,不快、抑郁、易怒、焦虑等消极情绪都会出现。室内空气污染可能是现代社会心理疾患加重的重要外源性物质性因素之一。长久处于一个环境还会使人头晕眼花、昏昏沉沉、心不在焉,工作效率低下,甚至有时会感觉心情郁闷。虽然对人体健康暂时不会有什么影响,但长期在空气污染的环境下工作,人们会烦躁不安、恐惧、视觉模糊、注意力难以集中,甚至焦虑、情绪激动,容易与人发生冲突,富于攻击性。

### 4.空气污染对全球气候的影响

空气污染对局部地区和全球气候都会产生一定影响,从长远看,对全球气候的影响将是十分严重的。由于人类大量使用矿物燃料(如煤、石油等),向大气中排放出大量以二氧化碳为主的温室气体,亦称"碳排放"。这些气体能够吸收来自地面的长波辐射,使近地面层空气温度增高,从而形成"温室效应"。温室效应引发的全球气候变暖,南北极上空臭氧层的破坏,自然资源的耗竭,全球性生物多样性的减少,固体有害废弃物的大量产生和堆砌等一系列的环境问题,已成为人类社会实现可持续发展的最重要障碍之一。

全球气候变暖也严重威胁生物多样性,同时它可能导致的灾害和异常天气现象会给人类社会发展造成巨大的经济损失。在空气污染的背景下,随着全球变暖,台风、洪涝、旱灾、风雹、地震、低温冷冻、雪灾、山体滑坡、泥石流、病虫害等各类自然灾害都有不同程度的发生。此外,气候变暖将严重影响人类的粮食安全,如不采取任何措施,主要粮食作物小麦、水稻以及玉米的产量都会下降。上述种种情况将严重制约中国经济发展的速度。

总之,空气污染对人体健康的影响和危害是明显的。所以要保护好人体健康,就必须保护好我们的生存环境,保护好人类生存的地球。这就要求我们必须从我做起,从现在做起,消灭污染,保护环境,为创造一个优美舒适的家园而努力。

# 第四节 环境危害的有效应对

除噪声、温度、拥挤、自然灾害和环境污染等威胁性的物理刺激环境外,生活平衡被破坏、社会需求未遂、团体压力和角色压力、重大生活变故等也会构成环境压力。为了更好地适应环境,在环境中更好地生活和工作,人们需要了解环境压力对人类的影响,它会促使人们自觉地创造和保护一个健康的、使人幸福的环境。本节主要对应对环境危害的几种有效措施进行详细分析。

## 一、控制、减少污染物的排放

控制、减少污染物的排放是一种应对环境危害的有效措施。

一方面,机动车特别是柴油车尾气排放出的化学元凶包括悬浮微粒和氮氧化物。悬浮微粒是一种烟尘,能够侵入肺部并引起心血管疾病。氮氧化物则会加剧呼吸困难。目前,很多城市制定了相应的控制措施,如机动车尾号限行措施,提供公共交通、绿色出行,以减少尾气排放。为了控制城市的小客车数量,很多城市也对车牌号进行了限制,采取摇号中签的方式来发放适量的车牌号,这既缓解了交通压力,也在一定程度上控制了尾气排放。

另一方面,改革能源结构、多采用无污染能源(如太阳能、风能、水力发电)、用低污染能源(如天然气)对燃料进行预处理(如烧煤前先进行脱硫)、改进燃烧技术等也能够减少排污量。目前我国已明确规定禁止使用氟利昂生产制冷设备的工艺。另外,在污染物进入大气之前,使用除尘消烟、冷凝、液体吸收、回收处理等技术消除废气中的部分污染物,可减少进入大气的污染物数量。

## 二、发展循环经济,开发清洁能源

控制、减少污染物的排放是一种治标的措施,而开发可以循环利用的清洁能源、减少一次性能源利用才是治本之策。所以,应对环境危害,要大力发展循环经济(减量化、再使用和再循环),在尽量减少一次性能源利用的基础上,开发利用清洁能源,尽量减少资源投入和废物产生,尽量延长产品的使用周期,实现生产过程中废气、废渣以及日常生活废物的循环利用。

## 三、防止室内空气污染

防止室内空气污染可以从以下几方面入手。

首先,在室内装修时应慎重选择建筑、装饰材料,避免选择污染较为严重的材料,切忌过度装修。在选购家具时尽量不选择密度板和纤维板等材质的家具,应选择实木家具,避免黏合剂中的甲醛污染空气。在装修时尽量装上新风系统,刚装修好的房间应开窗通风一段时间后入住,入住后仍需每天开窗通风换气,以保证房间中有足够的新风量。

其次,室内全面禁烟。封闭再严密的室内吸烟区,都很难甚至不可能达到二手烟不向外扩散。吸烟者频繁的进进出出,就足以让大量的二手烟外散。因此,应实现室内全面禁烟,杜绝室内二手烟存在的可能性。

再次,提高室内空气污染防治意识,养成科学的生活习惯。在室内培育一些绿色植物,每天定时开窗通风换气;烹饪时少油,切勿将食用油过度加热,同时应打开抽油烟机或开窗换气;不在室内饲养宠物,被褥、毛毯和地毯应经常在阳光下晾晒,以避免尘螨滋生。

最后,控制人口密度。严格控制大型办公室或公共活动场所的人口密度,在人口密度大的地区多设置窗户等通风设备,保证室内空气的流通。

## 四、加强绿化建设

绿化造林,使更多植物吸收污染物,减轻大气污染程度。因此,加强绿化建设也是应对环境危害的有效措施之一。要多种植绿化植物,特别是城市中心区的绿化要有大的改观,要多种树、种大树,增加绿化面积。尤其是在污染较为严重的地区,多种风景林,增加绿地面积,直至建立自然保护区,不仅能美化环境、调节气候,而且能截留粉尘、吸收有害气体,从而大大提高大气自净能力,保证环境质量。

同时,加快城市范围内道路和铁路两侧林带,河边、湖边、海边、山坡绿化带建设步伐。建成一批有一定规模、一定水平和分布合理的城市公园,有条件的城市要加快植物园、动物园、森林公园和儿童公园等各类公园的建设。

## 五、加强心理健康建设

首先,通过互联网、报纸、电视、广播等多种渠道及时发布自然灾害和突发事件的信息,普及灾难本身及灾难发生时的相关信息和逃生知识,帮助人们正确认识灾难,掌握不同灾害的正确应对措施,减少不必要的恐慌。

其次,培养良好的行为习惯和方式。一方面要保证充足的睡眠,尽量让自己的生活作息恢复正常。另一方面要学会放松,在面对环境危害时要自我放松,深呼吸是一种较简便的方法。

总之,应对环境危害不是一朝一夕的事,从自身做起,从点滴做起,用行动来阻止环境继续恶化,这样才能成功应对环境危害。

# 第四章　环境态度与环境行为研究

环境态度是重要的,因为它们经常但并不是总决定着增加或减少环境质量的行为。对其进行研究,有利于"亲环境行为"的促进,也有利于环境心理学的研究。本章将对环境态度及其强化途径、环境态度与行为、环境的基本要素及其对行为的影响、极端环境及其对行为的影响、气候及其对行为的影响进行详细分析。

## 第一节　环境态度及其强化途径

### 一、环境态度的内涵

#### (一)态度的含义

态度是一个潜在的结构,心理依附于一个具体的或抽象的对象。传统上,态度有三个成分:认知的成分,关于对象的思维,通常包含着评估评价;情绪的成分,关于对象的情感;意动的成分,行为意图和与对象有关的行动。态度是后天习得的一种持久性和一致性的反应,态度发生在行动之前,并对行动产生影响。

#### (二)环境态度的含义

环境态度通常就是指环境关切,因此,本文在接下来的行文中将不加区分地交替使用这两个概念。

在环境领域中所研究的态度包括两类：一类是一般的态度，是针对环境本身的态度；另一类是特定的态度，是针对环境行为的态度，例如对绿色产品购买的态度。

在具体研究中，研究者对环境态度的定义或操作化定义大致有以下两种。

首先，环境态度是指对某一个或多个具体环境现象或问题的关切，涉及认知、情感和行为意向三个方面或者其中的一个或两个方面。

最初也是最典型的研究是由马洛尼和沃德进行的。马洛尼和沃德的 EAS（Environmental Attitude Scales）量表最初包含128 个项目，后经简化，压缩至 45 个项目。马洛尼和沃德的环境态度包含口头承诺、情感和知识。口头承诺测量个人陈述的为保护环境将要做的行动；情感衡量一个人与环境问题的情感程度知识测量具体、相关的生态问题知识。马洛尼和沃德对环境态度的研究遵循了认知心理学态度三要素模型，知识、情感和口头承诺分别对应于态度模型的认知、情感和意动部分。

此外，除了 EAS 量表，还有一些学者也编制了类似的环境态度量表。如韦格尔的环境关切量表（Environmental Concern Scale，EC Scale）和斯特恩的后果意识量表（Awareness of Consequences Scale，AC Scale），它们都包括信念和评价的维度。虽然这些量表所测量的概念不尽相同，但都是属于一般的环境态度。

其次，环境态度是指对环境和环境问题（非指具体环境现象）的态度或价值导向，其核心是对环境保护问题的认知以及对人与自然关系的看法。

最典型的就是邓拉普等人的环境态度量表，其测量的是有关人们对自然平衡、增长极限和人类与自然等方面的认知信念，其内容已经超越了对具体环境现象的关切，而是指对人与自然本质关系的看法。因此，邓拉普等人将其命名为"新环境范式"，并认为新环境范式是一种亲生态世界观。由于新环境范式所具有的一般性和抽象性，学者们认为它是一种环境价值导向。

## 二、环境态度的强化途径

### (一)通过大众媒介和信息

大众媒介对公共环境态度有一个积极的或消极的影响作用。例如,美国大众媒体作为气候变化的怀疑论源头已经被引用,在美国可能带来对《京都协议书》支持的削弱。然而,大众媒介一样成功被用于教育公众如何回收利用再循环的物质资料。

在一般或特定问题上,对公共环境的关心,不可避免地卷入大众媒体的参与。因此,理解如何有效地交流沟通劝说性环境信息,能导致环境关心的实质性上升。许多信息设计原则已经被提出,例如,较悲惨的信息能导致公众对气候变化的理解上升,比牺牲的信息更有效,这些大多数已经被近期的评论所总结。一个有效的媒体信息通常有四个特征:它必须是内部一致的、符合受众心理模型的、保持受众注意力的以及拥有情感成分的。强烈的意象能增强"亲环境行为",如焦虑或害怕等消极情绪可通过呈现舒缓情绪的媒体信息而被唤醒。每一条信息的设计必须考虑的不仅是信息的目标,也要考虑信息的受众、信息本身、交流者、交流的通道以及信息被接收的背景。没有单独的环境信息在每一个背景中都是有效的,环境信息需要特别的注意,因为缓解缺少即时性,例如,积极的结果出现较远,行动的即时性益处不是明显的。

### (二)通过环境教育

环境关心的提升,能通过正式的教学情境得到促进。然而,教学项目,包括环境教育成分并不总是有效的,有些时候,甚至有相反的效果。一个元分析指出 34 个这类教育教学项目仅有 14 个有积极效果。成文的预定偏见带来了明显的失效结果,许多研究表明不成功的项目问题可能出在研究者的文案设计上。

有些时候,环境教育项目(在大学或初等学校)能成功增加环境知识,但不是环境关心。这种现象发生的可能原因是,与结果的经验相比,具有更多的直接的自然经历可能性,致使环境关心增加。例如,参与野外经验的高中学生,会表现出环境关心的上升;参加夏令营环境教育项目的孩子(9~14岁)与没参加的孩子相比,有较高水平的环境关心,特别是如果他们是第一次参加夏令营或在夏令营中有较长的持续时间。

一些环境教育方法似乎比其他方法更有效。例如,对本地的能源保护教育中,使用模拟方法、把问题当作一个故事呈现(对于青少年的前期而言),或非合作性的游戏(对于儿童)都能增强对环境问题的态度和提升相应的行为。作为问题调查和行动训练的技术似乎也能产生环境态度承诺。靠聚焦特定环境问题和指导发展创新的解决方案,IIAT 的学生们获得了关于环境问题的知识、环境问题解决的技能以及解决环境问题的信念。积极的问题解决,能引起"亲环境行为"的发生。这个项目已经成功在中等和高等学校的学生中实施。

成功的环境教育项目建议已经被提出,概括为以下几方面:使得项目与学生当前的知识、态度和道德发展相适应匹配;能解释每一个问题的两个方面;鼓励学生与自然或户外发生接触联系;促进个人责任感;产生引起对问题的控制感;知道潜在的行动策略和能使用行动技能;在教学之前能掌握这个问题;能发展社会规范去帮助环境保护;能增强环境敏感性;在项目中包含情感成分。

# 第二节　环境态度与行为

## 一、态度影响行为的有关理论

为理解态度导致行为的可能性是怎样的,一个人要先理解态度总体上是怎样影响行为的。几种理论已经被提出,用以解释这种联系。

## (一)计划行为理论

最常用的模型是计划行为理论,它受到很多人的支持。计划行为理论起源于心理学和社会学领域,是基于自身利益和理性选择的考虑,主要反映对执行某项特定行为必要性的态度和感知。具体来说,计划行为理论模型反映了受访者通过改变其态度和规范回应感知到的情况以获得个人回报的未来意愿。在这个模型中,"亲环境行为"能被特定的行为意图所预测,逻辑上也能被态度、既定的社会规范和既定的行为控制所预测。

## (二)"价值观—信念—规范"模型理论

"价值观—信念—规范"模型(VBN)也常用来解释态度—行为之间的联系。在这个模型中,"亲环境行为"价值观被认为导致了"亲环境信念"或"亲环境态度","亲环境信念"导致了"亲环境行为"。强烈的利他主义或生物圈价值观,会伴随较弱的自我中心主义价值观,据说能鼓励个体采纳"亲环境"的信念。"亲环境"信念在态度量表上表现出较高的分数,使得个体在个体对环境的知觉行为控制的信念之前,相信他们的行动会有不良的环境结果。如果这些信念被采纳,个体可能激活他们被强迫的"亲环境行为"的个体规范。这些个人规范被认为直接影响"亲环境行为",如组织活动(如堆肥的促进推广)、私人行动(如选择自行车出行)、公共非激进的行动(如参加集会),或者是激进的行动(如示威游行)。VBN 模型已经成功解释了"亲环境行为",特别是非激进的行为。

## (三)认知失调理论

所谓认知是个体以既有的认知结构为基础,解释他所观察到的社会行为(包括自己的与他人的)。利昂·费斯廷格在 20 世知

50 年代后期,提出认知失调理论。失调就是不一致的意思,当个体知觉到有两个认知(包括观念、态度、行为等)彼此不能调和一致时,这种不一致会让人产生心理冲突。为此,个体必须放弃或改变其中一种认知,以迁就另一认知,以便恢复调和一致的状态。费斯廷格认为,任何形式的不一致都会导致心理上的不舒服,而当事者会倾向努力消除这种失调,使不舒服感消失。

认知失调理论也能解释环境态度是怎么预测环境行为的。它指出人们的动机是坚持态度—行为的一致性。因此,情境中的个体会有特定的"亲环境态度",但是行为在某种程度上与态度并不一致,他们要么改变态度,要么改变行为。人们态度—行为的不一致性,如"虚伪"这种态度和行为不一致的典型表现,一旦引起注意,就能引起较高强度的"亲环境行为"。例如,减少洗浴时间被认为是一种"亲环境行为",而个体一旦认知到自己在环境行为中的"虚伪",那么就可能引发他们的"亲环境梯度"和"亲环境行为",如减少洗浴时间,激发个体关于"虚伪"的认知失调,是引发较少洗浴时间的有效方式,能提升能源保护。因而,虚伪的效果仅在两周能源保护研究的第一周发现,在第二周,唤醒虚伪在提供能源节约消费之外或消费反馈之外不再起作用。当然,认知失调也可能是在消极的方式上工作:如果一个人持有反环境态度,通过拒绝"亲环境行为"活动,也能取得一致性。

## 二、促使"亲环境行为"的环境态度

许多因素能激起"亲环境行为"。例如,参加"亲环境行为"的人们经常有保护环境的举动,可能是因为与环境无关。一些回收利用行为能被环境关心预测(即循环利用和节约应用),但是其他(即使用垃圾回收箱)可能不是如此。实际上,按他们的观点,态度并不能很好地预测行为,人的行为干预也应该考虑到行为的成本和收益、个人的道德和价值观、社会规范、情感、习惯和情境因素。其他因素也能影响行为,有或没有"亲环境态度",这一点可以在其他"亲环境方式"行为上、个人责任感或内疚感,以及个人动机中看到,特别是自我决定的动机或内化动机中。

多种因素促使环境态度向环境行为的转换。这些因素中总有几个能增强环境关心,促使环境态度和环境行为的联系。一个行为发生的容易性,影响着"亲环境态度"能否变成行为。

### 三、阻止行为产生的消极态度因素

促使强烈的态度—行为连接的因素是不充分的,那么就从它们自身的观点解释这种关系。没有转换为行动的"亲环境知识"或态度经常性存在,因为有七种重要的心理障碍类型存在。七种障碍中的五种是特别中肯的,它们是:有限的认知,包括问题或行动结果的不确定性问题,和感知行为控制的一种缺少;和其他人比较,包括关于行动的消极社会规范、社会比较和不平等的感知;淹没成本,包括以前的财政投入、冲突的目标、强烈的愿望和行动动力契机;感知的风险,包括物理的、财政的、社会的、功能的、心理的和时间的风险;有限的行为,包括从事细小的象征性行为,从事积极但是简单的、相对不重要的"亲环境行为"以证明环境中的有害行为。

环境态度已经得到广泛的研究。它们的概念和结构已经得到较为详细的界定,许多测量工具已经存在,并用在不同的人群和情境中。国际上,关于环境的知识日趋增加,环境关心也日益强烈。众多因素,如人口、气质、政治、信仰和经验因素,增加或降低着环境关心。不幸的是,强烈的关心并不总是导致"亲环境行为"。尽管在态度和行为之间存在清晰的连接(被意图和其他变量所调节),但是额外的因素也对环境行为有重要影响必须考虑。这些因素中的几个可能会使态度—行为的连接增强,而另外一些可能会作为心理障碍对"亲环境行为"进行抑制活动。一些因素可能增加环境关心,也可能降低环境关系,如社会规范。日益增长的适当的大众媒体和良好设计的"亲环境"信息的注意力,能增强"亲环境态度",也使得适当行为更可能发生。

内隐态度测量对未来的环境态度研究是充满潜力的领域。内隐态度是自动激活,即在没有意识唤醒的状况下,对行为有直接的能力作用。在其他研究领域,例如偏见和模式化的见解中,内隐态度经常在内容上与外显(自我报告)态度不同,并且能独立影响行为。在英国,对转基因食品的内隐态度已经被发现与自我报告的外显态度不同,内隐联想任务已经用来说明:自然环境的连接可能与生态关心有积极联系,而与自我中心的关心有消极联系。环境态度研究的这些领域需要进一步的调查。

# 第三节　环境的基本要素及其对行为的影响

## 一、环境的基本要素

### (一)光照

光是生命的源泉,也是人类环境的要素之一。人类和其他生物的生存都离不开光。首先,光使我们能够看见并认识周围的环境。人类赖以生存的外界信息的$80\%$通过视觉获取。其次,自然光昼夜更替,与人体的生物钟互相影响,这使我们的生命节奏维持平衡。再次,光对许多维生素的合成和其他营养的产生都是不可缺少的。最后,光使我们的心理得到满足。

### (二)颜色

颜色是视觉系统接受光刺激后的产物,是个体对可见光谱上不同波长光线的主观印象。不同的颜色带给人们不同的感受,引发不同的行为反应。

物体之所以呈现颜色,是因为它们反射光线到我们的视觉系统。人眼能感受和分辨波长 380～760nm 的 150 种以上不同的色光。人眼视网膜上有三种分别含有红、绿、蓝不同感光色素的视锥细胞,并分别对红光、绿光和蓝光敏感。其他色觉则由这三种视锥细胞中的感觉色素在受到光刺激后,通过不同比例的混合而引发。

颜色可以分为彩色和非彩色。颜色有三种心理特性分别与光的物理特性相对应:色调与其物理刺激的光波波长相对应,不同波长所引起的不同感觉就是色调。两种波长不同的光以适当比例混合,产生白色或灰色,那么这两种颜色就称为互补色。饱和度与光纯度的物理特色相对应,纯的颜色是高饱和度的,是指没有混入白色的窄带单色光波。明度与光的物理刺激强度相对应。强度是彩色和非彩色刺激的共同特性,而色调和纯度只有彩色刺激才具有。

按人们的主观感觉,彩色可以分为暖色和冷色。暖色是指刺激性强且能引起皮层兴奋的红色、橙色、黄色;而冷色则是指刺激性弱、能引起皮层抑制的绿色、蓝色、紫色。非彩色的白、黑也会给人不同的感觉:白色给人的感觉是宽广、开放、分散、轻且高;而黑色则使人感觉集中、压迫、抑制、重且低。一块黑色的 100g 重的积木块与一块 187g 重的白色积木块给人的感觉是一样重。

许多心理学家曾研究过人们对颜色的喜好或偏好。颜色偏好的研究可以分成两类:抽象颜色和具体物色,一般颜色偏爱的研究多以抽象颜色进行评定。研究发现,成人颜色偏好更稳定,最喜欢蓝色,最不喜欢黄色。但在个人成长发展过程中,颜色偏好会不断变化。儿童喜欢红色、黄色等鲜艳的颜色,不喜欢较暗的颜色,如紫色、黑色等。到了青春期,个体对蓝色的喜爱会超过红色。进入老年期,个体对蓝色的喜好会平稳下降,对红、绿两色的喜爱会逐渐增加。

（三）气味

引起嗅觉的气味刺激主要是具有挥发性、可溶性的有机物质。香与臭是一种主观评价。不同的人对同一种气味有不同的感受,因而就有不同的评价,甚至同一个人在不同的环境、不同的情绪下对同一种气味也有不同的感受和评价。

## 1. 香

香本指谷类成熟后的气味,后引申为对令人愉悦的好闻气味的通称,并与"臭"相对。我们闻到的香气一般是由一系列不同气味的小分子有机化合物混合而成的,不同的气味分子作用于上鼻道后部的嗅细胞,由其纤毛状的树突感受这些气味分子,不同的气味分子由不同的受体进行分析,具有高度的专一性,然后形成电信号传向嗅球,进一步在大脑皮层进行分析。

绝大多数的香料在直接闻时并不令人愉快,即使是大家公认的"香后"茉莉花和玫瑰花提取出来的茉莉浸膏和玫瑰浸膏也是一股怪味,只有用酒精或其他的溶剂把它们稀释到一定的浓度,才会释放出令人心旷神怡的芳香。而且,单一的香料很难调配出宜人的香气,这些香料和辅料需要相互协作。调香师的工作就是进行配方设计和精心调配。

香水是一种常用的化妆品,它将气味与人们的交流和文化行为紧密地联系在一起。曾有化妆品专家建议恋爱中的女性,在不同场合利用不同的香味强调和表现自己,以营造不同的气氛,获得希望的结果。比如,英国王妃戴安娜生前非常喜欢"Miss Dior",这种香水有一种淡淡的鲜花香气,并在不知不觉中渐渐变得极具感官刺激,为其增添了自信和魅力。后面我们会提到体味,在人们的性体验中起着重要作用。

## 2. 臭

臭味使人感觉不适,但香与臭并无明显的界限。臭味的感知过程与香味相似,但人类对某些臭味更为敏感,这可能与演化进程中某些散发臭气的食物会威胁我们的生命有关。

目前,在美国、英国、荷兰、比利时、日本等国家有一种职业:

专事闻味。在 20 世纪 90 年代末,这类从业人员约 1.2 万人。这些人要具有灵敏的嗅觉,同时也要具备有关环境方面的专业知识。国家环境卫生部门的有关专家每隔一段时间就要用精密仪器来检查这些从业人的嗅觉是否还足够灵敏。这些专业人员通常 50 岁左右,男性人数大约是女性人数的 2 倍。

## 二、环境基本要素对行为的影响

### (一)光照对行为的影响

光照通常比黑暗(无光)更使人愉悦,促使人更愿意做出利他行为。有研究对日常环境中每天的光照情况与活力的关系进行为期一年的考察,并以小时为单位进行了详细的分析。结果发现,个体接受的光照越多,其精力就越旺盛。还有研究发现,亮度和情感之间存在自动的联系。人们喜欢明亮的环境;进行评价时,人们会自发地认为明亮的物体是好的,灰暗的物体是不好的;选择座位时,人们偏爱有光照的环境。

大部分自然光与攻击行为的研究发现,自然光的光照强度与攻击性行为的发生呈负相关关系。例如,患有轻微季节性情绪障碍的个体在高亮度的自然光条件下会更乐于进行社交活动,进行人际沟通时态度更随和,暴力和吵架行为也会明显减少。

此外,与攻击性密切联系的犯罪行为的有关研究也发现了这种现象。自然光与犯罪行为的研究一般采用相关研究的范式,使用日光的照射强度、照射时间作为自变量,分析其与犯罪行为的报警数量的相关关系。一项长期的追踪研究表明,暴力犯罪通常发生在日光照射较少的夜间。另外一项研究探讨了天气状况和时间相关因素与家庭暴力和强奸事件报案数量之间的关系,结果发现,家庭暴力和强奸事件更可能发生在自然光较少的日落之后。人工光与攻击性行为之间的研究结论并不一致。早在 1976 年,就有学者探讨了环境照度对攻击性的影响,他们发现黑暗的室内环境同样会促进攻击性行为的发生。然而,后续研究却发现,10000 lx 的亮光虽然能够改善情绪状态,但是也会增加争吵行为,减少顺从行为。

### (二)颜色对行为的影响

颜色影响我们的情感体验,进而影响我们的行为反应。

红色给人以支配感和强势的感觉。张腾霄和韩布新对红色的心理效应进行了全面的描述和分析后认为,在先天遗传和后天环境的共同影响下,红色与心理意义形成的联结会在特定的情境中诱发心理状态的改变,从而影响个体的心理与行为。对于动物而言,红色越鲜艳的雄性攻击力越强,拥有的下属越多。在竞技体育中,穿红色队服可能会使队员支配感、攻击性和睾酮浓度增加,从而提高队员们在比赛中的成绩,男性的表现尤其明显。在认知任务中,当个体完成关注细节的任务时,如文字校对,红色能提高其工作效率;而对需要创造力的任务,如智力测验,红色对任务完成则有阻碍作用。还有一系列研究考察了红蓝两色对操作成绩的影响。研究发现,冷色调(如蓝色)使人感到镇定,而暖色调(如红色)更具刺激性,并且颜色会与环境中的其他要素产生交互作用。

粉红色给人以温柔舒适的感觉。美国的《脑与神经研究》报道说,粉红色具有息怒、放松及镇定的功效。因此,在美国加州的拘留所有一项不成文的规定,犯人闹事以后就将其关进粉红色的禁闭室中,10 多分钟后,犯人就会瞌睡。然而,另一方面的研究表明,长期生活在粉红色的环境里会导致视力下降、听力减退、脉搏加快。由于粉红色波长与紫外线波长十分接近,长期穿着粉红色衣服会削弱人的体质。

蓝色和绿色是大自然中最常见的颜色,也是自然赋予人类的最佳心理镇静剂。这些色调可使皮肤温度下降 1℃～2℃,使脉搏减少 4～8 次。此外,它们还可降低血压,减轻心脏负担。这类颜色能缓和紧张,使人安静,从而使人更冷静地对待现实。例如,伦敦泰晤士河上有一座桥,最初漆成黑色,由于在这座桥上自杀的人数高于在其他桥上自杀人数的平均水平,人们决定把桥的颜色改成绿色,结果自杀人数果然下降了。还有研究发现,绿色会让人想起大自然,从而引发人积极的情绪体验,如放松和舒适等。总之,大自然环境中植物的绿色和水天的蓝色是大脑皮层最适宜的刺激物,它们能使疲劳的大脑得到调整,并使紧张的神经得到缓解。

与彩色不同,黑色和白色常常会与道德行为联系起来。有研究发现,人们会把道德和不道德的词语分别与白色和黑色联系起来。当人们回忆了道德事件后会更喜欢白色,而回忆了不道德事件后会更喜欢黑色。

### (三)气味对行为的影响

气味不仅与人类健康、性行为有关,还能影响个体的操作、情绪和记忆。

### 1.气味与健康

不同的气味可能引起生理上的不同变化。日本有一个香气学研究会,他们在对香气做了大量的研究后指出,香味与人类健康有密切的关系,如茉莉花香可刺激大脑,功能似乎强于咖啡;草气味具有一定的滋补功效;天竺花香味有镇定安神、消除疲劳、加速睡眠的作用;白菊花、艾叶和金银花香气具有降低血压的作用;桂花的香气可缓解抑郁,还对某些狂躁型的精神病患者有一定疗效。利用这种原理,有研究者提出了芳香疗法,认为可以从植物中提取精油用于身体和心理健康的维持与修复。但是也有研究者认为,"芳香疗法"的效果受"医患关系"的影响很大,只有不足1/5的作用来源于精油及其用法。

还有研究关注气味与疾病的关系。比如口气可能会反映出身体的健康状况。很多疾病都能产生一些独特的气味分子,产生令人不快的刺激性口气。比如糖尿病患者体内如果酮体过多,导致丙酮累积在肺部会无法及时代谢,呼出的气体有典型的"烂苹果味"或"洗甲水味"。再如某些癌症能够释放出挥发性气体,如结直肠癌患者的呼吸样本和粪便样本、膀胱癌患者的尿液样本、乳腺癌或肺癌的呼吸样本等。这种气味能够被嗅觉敏感的犬类动物识别。但是使用犬类作为疾病筛查的工具还存在很多问题,比如诊断的准确性受其身心状态影响,犬类的服役年限受其寿命限制,等等。因此,现在科学家们正在研发"电子鼻",它具有高效、快速和简便的特点,有着广阔的应用前景。

### 2. 气味与性

动物利用气味吸引异性是很普遍的现象,人的性行为也与气味直接相关。人的"体味"是由皮肤表面的细菌的代谢产物混合而成的,每个人的体味各不相同。由生殖器周围及腋下的腺体产生类似麝香的气味,就像"外激素"一样在生殖行为中有重要作用,是性体验的重要组成部分。人类的体味是在青春期发育成熟后出现的。有研究发现,对体味的感知能够影响女性的月经周期:同住的女性月经周期会逐步趋同,而处于月经周期不同阶段女性的汗液也能够延长或缩短其他女性的月经周期。

关于体味与性的关系一直是研究者关注的焦点。有研究提炼出两种睾酮衍生物:一种是与男性汗液里的睾丸激素类似的激素,叫雄甾二烯酮;另一种是女性尿液中含有的雌甾四烯。这类物质被心仪的人闻到后,会引发其大脑的反应,产生性冲动。

体味会对择偶产生影响的原因与主要组织相容性复合体(MHC)有关。MHC 是一组编码组织相容性抗原的基因群,在免疫系统中起重要作用,它参与器官移植排斥、免疫应答调控等过程。除此之外,具有相似 MHC 基因的个体也会有相似的体味。有研究发现,老鼠能够通过辨别尿液的气味来选择 MHC 基因差异大的异性进行交配。还有研究考察了人类被试发现,女性更喜欢那些体味不同(意味着 MHC 基因差异大)的男性。研究者推断,这样的结合可以最大可能地生育遗传基因优良的下一代,使孩子拥有更宽广的免疫系统,增强其适应环境变化的能力,从而提高后代的存活率。

### 3. 气味与操作

气味会直接影响宇航员的情绪和工作效率。在世界航天史上,有因为气味而破坏了整个空间飞行的例子。1976年,苏联进行的一次空间航行中,飞船上发出了一种不知来源的恶臭。宇航员们开始还极力忍受,但是不久全体宇航员都无法正常工作了,最后只好被迫中止此次航行,紧急返回地面。

气味对记忆有一定的促进作用。人们早期的记忆常常会被某种气味引发和唤醒。比如,田间成熟小麦的香气会让你想起儿时跟小伙伴一起嬉戏的场景,研究者称之为普鲁斯特效应。这可能是由于分析嗅觉信号的脑区与处理记忆信息的脑区有非常紧密的联系。法国上塞纳省卡尔什市医院的嗅觉治疗实验室已经开始尝试根据失忆症患者的生活经历,通过一些有特定联系的气味来帮助其恢复某些记忆,而且这种方法已经取得了一定的治疗效果。

气味还与情绪关系密切。嗅觉和情绪系统的加工在解剖位置上高度重叠,主要包括杏仁核、海马、眶额皮层和脑岛。不同气味会诱发不同的情绪反应,激活不同的脑区。在医院里,处于橘子气味中的病人(特别是女性)焦虑水平更低,心境更积极。在商店里,柠檬香味能够使顾客感到舒适,从而增加销售额。气味还能影响梦的情感基调:好闻的气味会使梦境情绪更积极,难闻的气味则使梦境情绪更消极。另外,人类天然的体味会携带社会情绪信息。比如有研究发现,人们能够区分他人高兴时和恐惧时分泌的汗液。闻到恐惧汗液时,个体与恐惧有关的脑区(杏仁核)会被激活,这说明人们在感到恐惧时分泌出的特殊化学物质会感染周围的其他人。小鼠的研究也证实,哺乳动物的鼻子可以捕捉到由相同种系的其他成员在处于危难时所产生的警示性的信息素。

# 第四节　极端环境及其对行为的影响

## 一、极端环境的内涵

### （一）极端环境的含义

极端环境包含了各种各样的复杂环境,从自然的野外环境到人工的设计环境等,都需要个体具有良好的认知和行为表现以适应环境,而这些环境也会对个体的生理、情绪、认知和社交功能产生复杂的影响。随着社会的发展和科学技术的进步,也开始有越来越多的人需要在密闭隔绝的人造环境中生活和工作,如航天器、深水下潜环境、气象站、潜水艇和极地科考站。这些环境同样与日常环境相区别,并在某些方面对个体的认知能力和行为能力提出了较高的要求。鲍卢斯等人认为,极端环境是一种会使暴露于其中的个体产生心理和(或)生理需求的外部环境,并且会对这些个体的认知和行为方面产生深远的影响。

### （二）极端环境的特点

极端环境的种类多种多样,而且随着科技的快速发展,这个范畴也会不断扩大。特定的环境具有其特性,但是不同类型的极端环境也具有很多相同的特征,它们在很大程度上影响着个体的认知和行为层面。

#### 1. 隔离与受限环境

隔离与受限环境是指个体在物理距离上被隔离在包括家人和朋友在内的社会支持系统之外,且行动受限于一个建筑环境内。这其中既包括社会成分,也包括物理成分。

"隔离"首先是一个心理学概念,是指个体被隔离在其所拥有的社交网络之外,其中会涉及感官和社会性输入的减少。在社交隔离环境中,个体会对感官和社会性刺激的减少做出相应的心理反应。例如,当个体被隔离在正常社交环境之外时,其可能会表现出一些异常行为。当隔离是由地理或其他物理边界所导致时,则其具备物理成分。

"受限"则是 ICE 环境中一个明显的物理维度。在受限环境中,个体的活动性一般会因为有限的物理空间而受到限制。这普遍是由于严酷的外部环境所导致的,因艰苦的环境将个体的活动范围限制在人工栖息地之内,从而导致个体的活动受到区域性限制。例如,在航天实验室外,外太空的真空环境和极端温度;在极地科考站外,恶劣的天气条件、危险的冰层,以及不正常昼夜循环,这些都构建了一个严酷的外部环境,从而限制了生活和工作于其中的个体活动。

这种孤立封闭的环境条件与日常环境产生了极大反差,包括长期远离家人与朋友,缺少足够的社会支持;缺少便利的日常生活,在密闭狭小的空间中工作和生存;被恶劣和充满危险的外部环境所包围,承受较强的心理压力等。在这样的环境中,不仅个体的情绪稳定性会受到影响,而且在群体内更可能出现人际冲突和关系紧张的情况。同时,也有研究者认为,长期处于隔离和受限环境中,个体的认知能力也可能受到影响,如注意力、记忆力和推理能力下降,以及警觉性降低等。

### 2. 感觉剥夺

在正常生活中,个体必须与环境保持平衡的信息交流。也就是说,个体通过感觉器官从所处的环境中获取信息,以保证正常生活;信息过载或信息不足都会对个体产生影响。有人认为,生活在繁华都市中的人们,往往会因为信心过载而产生"冷漠"的态度。相反,感觉剥夺则是有意地减少或消除一个或多个感觉刺激。在感觉剥夺环境中,"要努力将感觉刺激尽可能降到最低",

而由此造成的信息不足,则可能使个体产生较强烈的不安和焦躁情绪。

相较于能够提供丰富感觉刺激的常规环境,生活和工作在极端单调、封闭的恶劣环境下的个体,通常体验着不同程度的感觉剥夺。以往环境中的熟悉刺激减少,随之增加的则是某些重复的单一刺激。如深海作业的潜艇,操作舱中始终充斥着大型机械设备的轰鸣声,这种单一频率的噪声取代了常规环境中的各种声音刺激,很大程度上"剥夺"了下潜官兵的听觉。在太空飞行的航天器中,因太空的特殊环境和工业要求,航天器舱内需保持恒定温度,不同于地面生活的温差变化所造成的体感温度变化,恒温环境则是对航天员温度觉的"剥夺"。这些重复出现的单一刺激源所构成的感觉剥夺状态,不仅会对个体的心理和行为产生影响,如注意力不集中、思维混乱、直觉能力损伤及情绪不稳定等,同时也会对受剥夺感觉器官在生理方面造成影响,这就必然会对其中个体完成任务和执行操作的能力提出挑战。这些影响涉及感知觉、记忆、思维、想象等心理过程,同时也涉及诸如态度、遵从、动机与需要等个性心理特征。

### 3. 含氧量不正常

一般情况下,人类日常所处大气环境中的氧气体积分数为21%左右。然而,因受到地球表面空间限制,人类生存区域也因海拔的不同而导致空气中的含氧量存在一定差异。氧气是主要的生理性气体,其与人体组织细胞的代谢活动紧密相关。在气体环境中,氧分压过低,会引起人体的各种缺氧反应,同时精神效能也会开始受到影响;氧分压高,同样也不能保证人体正常的新陈代谢,反而会引起氧中毒现象,并且可能发生火灾和爆炸。

与常规环境中氧气稀薄的意义不同,极端环境大多属于低氧或无氧的恶劣环境,其对个体生理和心理的各项功能都提出了严峻的考验。从人体生理系统分析,当周围环境的氧分压减少,不能为人体提供充分的氧来维持正常机能时,就形成了低氧环境,如在南极内陆冰盖进行科学考察的中国科考队队员们，为了完成考察和研究任务，他们需要克服常人难以想象的高寒、低氧等困难。随着技术的革新，目前潜艇、航天器、飞行器座舱等有人员生存和工作的各类密闭空间中，氧含量一般都能维持在 19％～21％，尽可能与日常生活中的气体环境保持一致。然而，当暴露于太空或深海等极端环境时，各类人员依旧需要借助呼吸器等辅助设备来帮助他们在无氧环境下生存，如航天员完成出舱任务，潜水员潜入海底进行考察，等等。在这些直接暴露于极端环境的情况下，个体则随时可能受到缺氧，甚至是窒息的威胁。不仅如此，低氧环境还可能对个体的生理机能、认知能力和行为水平造成影响。在低氧环境下，人体的血压和血液循环都会受到影响，从而导致体能及耐受性下降，甚至造成脑缺氧，进而影响中枢神经系统的功能。同时，个体的认知和行为能力都可能受到缺氧的影响，表现为感知觉敏感度、运动协调性、认知能力（如注意维持、警觉度等）和情绪稳定性（如更容易出现焦虑情绪）的下降。

### （三）极端环境中人员选拔的标准

#### 1.耐受性与运动能力

大量研究认为，极端环境中的恶劣条件会对个体的身体机能提出很高的要求，并直接影响个体的运动能力。例如，失重条件可能引起个体的心脏调节功能降低及运动能力下降；在加速或超重条件下，很可能会引发个体明显的自主神经反应（如头晕、恶心、呕吐）和眼震；而缺氧条件更会直接导致缺氧敏感性高的个体出现晕厥。所以，在选拔任务人员时，首先应该考虑个体的身体耐受性及其运动能力。

在所有极端环境人员的选拔过程中，初选的第一步都是对候选人进行全面严格的临床身体检查。如在航天员选拔中，初选阶段的身体检查一般包括临床医学、心脏病学、耳鼻喉科学、眼科学、口腔学等项目,以此来排除遗传病及可能的复发疾病等。在南极科考人员的检查中,着重对高血压、心脏病等疾病进行排查。

在此基础之上,还需对候选人的各种极端环境因素的承受能力和适应能力进行考察。例如,在太空环境的超重和失重条件下,心血管功能和出现明显前庭自主神经反应的候选者应被排除。在针对低氧条件的选拔中,候选者或者进入低压舱,在其中完成一系列的认知活动后,对他们的各项生理指标进行检测;或者通过佩戴氧气面罩,降低供养氧,并进行耐力运动,使负荷量达到疲劳程度,并记录各项指标,排除身体耐受性差或运动能力不足的候选者。

### 2. 人格与情绪稳定性

极端环境中人员的人格特质研究,一直是各个领域中人员选拔的一个非常重要的部分。简单来说,如果经历极端环境的人员的人格特质或心理素质在某方面表现出欠缺,那么其不仅会造成巨大的经济损失,甚至会威胁到相关人员的生命安全。

无论是航天员、潜艇人员或极地考察人员,他们都需要具有一致的外向人格,并拥有成熟、稳定的情绪,能够冷静地面对现实,帮助他们在恶劣环境中不会出现明显的焦虑和抑郁情绪。

极端环境对个体情绪所造成的影响与其所处环境的类型、任务要求和个体特征存在一定关系。因此,某些突出的人格特质可以对个体极端环境中的胜任力作出预测。当然,这是一项非常重要且非常复杂的研究课题,还需要进行更深入、更全面的研究和探讨。但是,就目前来看,个体的情绪稳定性对于其在极端环境中的胜任力、工作绩效具有非常重要的作用,并且这也是现阶段人员选拔中非常重要的指标。

### 3. 认知能力

在极端环境中作业时,个体不仅要承受恶劣的环境条件所带来的生理影响,同时还要克服并应对不同特殊条件下所产生的各种不良心理反应。目前的实践研究表明,极端环境作业绩效的高低、事故发生与否等,除了设备性能和安全性外,主要与人员的心理素质密切相关。极端环境中人员的认知能力作为心理能力中重要的组成部分,是保证极端环境作业绩效、任务成功与否、任务及个人安全的重要因素。

感知觉能力是个体察觉周围环境变化的基础,也是维持警觉性的基础认知能力。在个体对环境目标项目的搜索和跟踪时,相应的知觉能力及适应能力起到了至关重要的作用。特别是在太空环境中,因为失重条件会影响到心理旋转进程,从而影响空间知觉能力,所以若航天员本身的空间知觉能力较差,则会使其更加难以适应太空生活。除此之外,为了应对极端环境中随时可能出现的环境变化、突发事件等,注意广度及注意转移速度都发挥着重要作用。同时,注意稳定性、记忆力和思维能力等,则是保证个体任务指向的必要认知能力。

目前,研究者在对极端环境下工作人员选拔及胜任力的大量研究中发现,个体的认知能力对其胜任力、专业表现等都具有预测作用。例如,有研究发现神经活动类型、反应时间、深度知觉、暗适应能力和注意集中这五种认知能力对我国潜水员的专业评价具有较好的预测效果。在航天员的选拔中,记忆、注意、信息编码、目标知觉、心理旋转、决策判断等能力的测试,也被作为人员选拔的重要指标。

## 二、极端环境对行为的影响

### (一)极地环境对行为的影响

南、北两极是全球最大的"冷冻机",是地球上最干燥、最寒冷且风力最大的大陆,也是被人类最后发现和探索的大陆。因为经历着高寒、强风、暴风雪,以及极端隔离封闭的恶劣环境,这里没有永久居民,只有为了科学研究而临时寄居的科研和后勤保障人员。这种特殊的自然环境及小群体环境向科考队员们提出了严峻的考验,他们不仅要适应高寒、高海拔、极昼、极夜现象和生理不适等自然挑战,还要面对枯燥、寂寞和社会支持极度缺乏的人际环境,同时还需完成他们肩负的科学任务。基于此,极地科考是一项高危工作,对科研人员的生理机能、心理素质等方面都提出了极高的要求。而极地科考站也因其特殊的自然条件和人为形成的小群体环境被誉为人类心理和行为研究的"天然实验室"。

长时间滞留在这种特殊环境中,个体各方面的表现都会产生影响,其中认知表现是非常重要的一部分。研究者们发现,长时间暴露于极端和特殊环境中,可能会造成部分认知能力下降,如注意力、记忆能力(再认和回忆)和推理能力。这可能与极地环境中个体所接受的刺激缺乏有关。有研究者对中国南极长城站的科考队员进行访谈,有人报告说:"这里的生活太单调了,我根本不需要记住很多事情。所以,我回家以后会很难记住最近都发生了什么。但是,这并没有造成很大困扰,因为我很快就恢复了"。然而,也有研究发现,在经历南极地区极度寒冷、受限和隔离环境后,个体的认知能力不会有所下降。这种不一致的结果,激发了研究者的好奇心,并不断进行深入研究。

其实,早在1922年,作为人类历史上最著名的"斯科特"南极探险队第二次探险的成员——格拉德在《世界最险恶之旅》一书中回忆了这次踏上"世界尽头"的旅行,并第一次提出了"极地心理学"这一概念。之后,在被称为国际地球物理年的1957—1958年中,各个国家在南极大陆的归属问题上达成共识,也使得极地心理学作为一个研究领域,开始被系统研究。

格拉德将南极探险视为"获得生命中最美好时光的最糟糕的方法"。而在极地环境中,很多控制心理过程的常见指标都被减弱,甚至消失了。

在早期的研究中,极地心理学家通过分析收集大量南极科考人员的报告数据发现,科考人员普遍经历过一些适应不良的症状,包括失眠、抑郁情绪、易怒、运动及认知速度下降、社交退缩,以及轻微记忆丧失等,同时伴随着一些心理症状。帕兰卡斯等人在对 358 名南极越冬海军官兵的生理和心理状况进行考察和分析后,将这些症状概括为"越冬综合征"。我国研究者在对长城站和中山站科考队员的考察中,也证实了这一现象的存在。这些反应很多都是由于生物周期节律被扰乱所引起的,同时也是个体对刺激缺乏环境和长期黑暗环境适应的结果。在对南极科考队员的流行病学统计中,精神障碍的患病率大约为 5%,而情绪和睡眠障碍的出现非常普遍。但是,仅有极少数的人需要临床干预。尽管 5% 的患病率很低,但是需要注意的是,这些极地科考人员都是经过严格选拔的适应性良好的人。因此,有研究者提出,对于长期隔离与受限环境的适应,可能会表现出不同的阶段性。

贝克特尔等人发现,无论是在极地环境工作的科考和气象人员,还是在高海拔雷达站及哨所的执勤人员,其心境都会出现相同的时间趋势性。也就是说,在任务时间过半后,人们的心境水平会降到最低点,而且这种心境水平的下降并不会在一个绝对的时间点出现,而是由任务的相对长度所决定的。例如,如果一项南极科考的考察任务为期 8 个月,那么科考队员们的心境水平最低点会在第 6 个月出现;而如果这项任务的期限为 2 年,那么队员们的心境水平最低点则会出现在他们刚刚执行完 1 年的任务之后。由于这种有趣的比例性,贝克特尔将这种个体在与世隔绝环境的心境下降称作"四分之三现象",即在隔离期相对长度的约四分之三时间点时,越冬人员会出现最大限度的不适感受。这也就意味着,个体心理存在着正常的周期性变化规律。在进入南极地区工作的后半程,科考队员们的主观幸福感会明显下降,而焦虑、抑郁及匹配水平明显上升,同时攻击性行为也有所增加。然而,值得一提的是,有研究对参加了长达 50 周的南极越冬考察的 27 名队员进行了纵向研究,结果发现在真正进入隔离和受限环境的第 25 周后,虽然队员们的各种情绪感应、社会性反应和生理反应都表现出周期性变化,但是却与个体所从事任务的工作绩效没有显著关系。

### (二)太空环境对行为的影响

近几十年来,人类载人航天技术得到了很大发展。同时,开始有大量针对特殊太空环境的研究,致力于提升和改善航天器和空间站中生存和工作环境的宜居性。然而,相较于常规环境,太空的极端环境中仍有很多难以消除的应激源,如加速度、噪声、失重环境、感觉剥夺、昼夜节律改变等物理因素,密闭狭小的居住空间、社交隔离的人际环境、单调的生活节奏、连续作业时的工作负荷,以及飞行的不确定性所导致的心理压力等心理应激。这些因素都可能会影响个体的生理和认知功能。

其中,物理因素的影响最为直接,而其中与地球环境差异最大、对人体影响最大的,就是太空中的失重条件。失重是指物体完全失去了外界重力场作用时的一种状态。人造卫星、宇宙飞船和航天飞机等航天器在进入运行轨道后,其中的人和物都将处于失重状态。在失重条件下,个体在适应心血管系统、肌肉系统及内分泌系统等生理变化的同时,其认知能力也会受到影响。在一项针对 104 名航天员的调查中发现,98% 的航天员报告,在执行飞行任务时曾经历过定向障碍,并出现了空间错觉。而格拉索尔等人在随后的实验中,让航天员蒙上眼睛并且在被动转身的情况下确定自己的位置,结果发现,在失去重力参照的情况下,航天员只能以自我为中心参考系来感知"上"和"下"的位置。因此,在偏离垂直状态的情况下,航天员仍然会感觉头的位置是"上",造成定向障碍。同时,由于没有重力影响,航天员的心理旋转进程也可能被显著改变。

除此之外,人际关系剥夺、感觉剥夺、睡眠剥夺和连续作业等都是太空环境中常见的心理应激,同时也组成了航空飞行中的隔离与受限环境。

首先,因太空飞行的封闭条件,航天员被迫与地面上的社会支持系统分离,从而引发人际关系剥夺感,这种情况已经多次出现在长期的太空飞行任务中。例如,在"礼炮6号"飞行中,空间站上的航天员迫切盼望着地面航天员的探访,但是因为发射故障导致探访飞行任务取消,从而使得空间站上的航天员产生了抑郁、不安和悲伤情绪。有航天模拟研究发现,在密闭舱中进行实验,可能对被试的注意持续和转换功能,以及警觉水平有一定影响。

其次,通过航天员的个人陈述及美俄航天局的客观研究显示,与地面的正常睡眠相比,航天员在太空中的睡眠时间短、难以成眠,甚至难以进入深度睡眠状态。这种由于环境或自身原因而无法满足正常睡眠的情况,就是睡眠剥夺。此外,在太空飞行中,航天员需要对周围环境、航天器状况、自身状态等时刻保持警觉;而在面对出舱任务时,极大的工作量和紧迫的时间安排的连续工作,对航天员的行为和认知能力都造成了严重影响。有研究者认为,在睡眠剥夺的情况下,最初表现为诱发负性情绪、易激惹且负性情绪加剧等。随后,个体的觉醒程度降低、警觉性下降、动机及自发性下降。相比于此,在睡眠充足的情况下,执行航天飞行任务的航天员的认知能力能够保持稳定(航天模拟环境对小组心理的影响及干预)。这些物理和心理应激源的相互作用,对航天员的生理和认知功能都会产生负性影响。

通过对长期航天飞行任务的观察,俄罗斯航天局在报告中指出,个体对于长期航天飞行的适应可以分为四个不同阶段。第一阶段是对太空环境的初步适应。该阶段中,航天员需要适应失重环境所带来的生理变化,适应太空舱或空间站中的生活环境,并且调整作息以适应需要执行的飞行任务。在第二阶段中,航天员已经完全适应了航天飞行环境,且尚未受到隔离与受限环境影响。第三阶段也是最关键的时间段。最为有趣的是,此时太空环境中的航天员也出现了贝克特尔等人极地条件下发现的"四分之三"现象。航天员的心境开始出现改变,由于生活和工作内容单调、缺乏外界信息刺激、远离自身的社会支持系统而开始出现情绪不稳定、抑郁、焦虑、易激惹等状态,同时耐受性下降,如食欲下降和睡眠障碍等。飞行即将结束时进入第四阶段,航天员会呈现欣快状态,表现为情绪高涨、兴奋等。

在美国航天生物医学关键路线图中,将心理适应和行为健康归纳为风险,依次为:由于飞行人员心理适应不良所导致的操作失误、由于飞行人员神经行为失调所导致的操作失误、飞行小组的认知能力与认知需求不调,以及因睡眠剥夺和昼夜节律改变所导致的操作失误。由此可见,太空的极端环境对个体的心理和行为都具有较高风险。

### (三)深海环境对行为的影响

随着对自然的不断探索,人们的好奇心已经不仅仅局限于陆地和天空,而开始将关注点转向神秘的生命起源地——海洋。与此同时,不断发展的科学技术也为深海探险创造了可能性,潜水艇作为下潜工具,在海洋科考和现代海战防御中,都发挥着不可替代的作用。从一般意义来讲,深海下潜是指借助压力舱,潜至深于 $100 \sim 120$ m 的海水中,并持续几天至几周不等地长期滞留,这个过程主要包括加压、深海作业和降压三个阶段。

深海环境与极地和太空环境一样,是同时涉及自然和人际条件限制的极端环境。在潜艇作业中,个体处于物理和心理两个层面的隔离与受限环境中,同时还伴随着高温、高湿、高噪声及微缺氧等环境条件的影响。这些特殊的环境因素都会对个体的生理、心理和行为层面造成影响。

首先,潜艇为封闭式结构,内部装有大量大型动能设备、生活设施、武器装备或科考设备。这些机械设备在运作中会产生大量热量和水汽,从而造成高温、高湿、微低氧的不适环境。

其次,潜艇作为一个密闭空间,艇内人员几乎与外界隔离,从而使得潜艇舱内构成了一个独立的社会环境。在这个社会环境中,因空间有限,压力舱内的个体会极度缺乏隐私、环境刺激和人际互动匮乏,甚至缺少人类对于情感的基本需要。同时,艇内空间十分狭小,某些艇员每昼夜运动的总距离不超过 800 m,有时甚至更少。过少的肌肉活动和艇内的单一刺激,导致个体的生理机能下降,主要表现为肌肉萎缩、耐受性和抗疲劳能力出现下降,并产生多种躯体症状,导致生理应激反应增加,内分泌系统变化等。同时,心理和行为能力也受到影响,如注意力减弱、反应速度下降、决策失误增多、易激惹和情感淡漠等。

与此同时,当潜水员在下潜任务中需要执行潜水任务时,其将面临更直接、更严峻的深海环境挑战。因为在水中每下潜 10 m,压强将会增大 1 个大气压,所以潜水员本身将承受极大的水压。同时,因为在深海中呼吸正常空气配比的气体将会引起氮麻醉,所以需要呼吸包含氦气在内的稀释后的混合气体。然而,在深 150～200 m 的水中呼吸氦氧混合气体,可能会导致高压神经综合征,会引发个体的姿势及意向震颤、肌阵挛、感觉运动失调和睡眠障碍等,甚至可能对中央神经系统造成影响。

另外,研究者在针对潜艇官兵的研究中发现,由于要经常进行下潜和上浮训练,并保证潜艇的正常航行,潜艇官兵大多承受着较大的工作压力和心理压力,从而导致大量心理和行为问题的产生。

有调查显示,在航行的最初几天,潜艇官兵极易出现烦躁、焦虑等情绪状态,且注意力难以集中。在下潜航行一段时间后,潜艇进入陌生海域执行任务,当潜艇为躲避干扰和跟踪而进行速潜动作时,官兵们很容易出现恐惧和紧张情绪。到了下潜任务的中期,因为长期缺乏运动和社会交流,官兵们的身体机能开始下降,变得沉默寡言、心情压抑。临近航行结束前的一段时间,潜艇官兵们普遍焦急期待任务的早日结束。

由此可见,深海环境确实存在着极端特殊性,虽然科技的发展在不断改善着潜艇环境,但是依旧难以像常规环境一样舒适。因此,深海环境的特殊性确实会对个体的生理、心理和行为等各方面造成影响。

# 第五节　气候及其对行为的影响

## 一、常见的气候现象

天气是一定区域和一定时间内大气中发生的各种气象变化，是一种相对快速的变化或暂时的情况，比如寒流入侵导致气温骤然降低。气候是一段时期内平均的或主要的天气状况，是一定地区经过多年观察所得出的概括性的气象情况。气候通常被定义为天气的平均状态，是不断变化的。下面是几种近年来常见的气候现象。

### （一）全球变暖

全球变暖是 21 世纪人类面临的最大挑战之一。早在地质时代以前，全球气候就以多种方式发生过变化，但是数个世纪以前，人类活动首次成为气候变化的主要原因。通过燃烧矿物燃料、砍伐和燃烧森林以及一些其他对环境破坏冲击的活动，人类已经改变了地球足够的热平衡，以至于全球温度变化幅度超出有史以来人类气温变化幅度的平均值。中国气候变化趋势与全球变暖总趋势基本一致，近百年来观测到的平均气温已经上升了 0.5℃～0.8℃，略高于全球平均温度。中国气候变暖最明显的地区是西北、华北和东北，长江以南地区变暖不明显；从季节分布来看，中国冬季增温最明显。

### （二）温室效应

大多数气候学家都认为，人类向大气中排放各种气体促进了自然气候的变化。尽管空气气体在短波阳光辐射的情况下呈透明状态，但还是有部分气体接受了由阳光加热后从地表和海面传导过来的长波热度,形成温室效应。温室气体吸收热量,转而导入空气,使温度升高。

温室效应促使全球气温升高。根据专家预测,如果温室效应发展到比较严重的程度,会造成灾难性的破坏。例如,沿海地区会被淹没,大片地区会变成沙漠。

### (三)臭氧层空洞

臭氧层空洞是使用氯氟烃导致臭氧层的消耗所致。氯氟烃多用于空调、冰箱的制冷剂和液化气罐的推进剂。当氯氟烃进入大气层后,受到紫外线照射时,会使臭氧加速分裂成氧气。由于南极特殊的气候、环境,那里的臭氧层损害最大。臭氧层的消耗会造成皮肤癌、免疫系统受损以及危害农作物的生长。在臭氧层损耗特别大的地方,如果长时间暴露在紫外线下,皮肤会被严重烧伤。

### (四)厄尔尼诺现象

近几年来,世界范围内的厄尔尼诺现象多次发生,使秘鲁、厄瓜多尔等国家遭受了不同程度的自然灾害。厄尔尼诺又称"圣婴"现象,是指赤道中东太平洋海水异常增温的现象。它的发生周期大约为 2～7 年。厄尔尼诺与南方涛动现象有关。南方涛动是指南印度洋和南太平洋的海平面气压的变化呈反位相的现象。气象学家发现,厄尔尼诺和南方涛动有密切关系,两者是海洋与大气相互作用的表现,被合称为恩索现象。恩索现象会带来严重的自然灾害,给社会造成巨大经济损失。

## 二、气候对行为的影响

气候对行为的影响主要表现为热、冷、风、海拔、湿度等对行为的影响。

（一）热对行为的影响

1. 热与人际吸引

绝大多数人都觉得热环境让人不适且易怒。拜恩提出的人际吸引模型认为，当周围环境温度过高，人们感觉不适时，人际吸引会降低，也就是说高温能减少人际吸引，特别是当热与拥挤相伴随时。

在格瑞弗特的实验中，让被试评价陌生人时，在态度测量中，被试和陌生人的态度有 25% 或 75% 是一致的。把他们分配在温度为 20℃、湿度为 30% 和温度 32℃、湿度为 60% 两种环境中，结果表明当周围环境温度较高时，人际吸引降低。

然而贝尔等人的研究则发现，在某些情境中，热对人际吸引的影响具有"分享效应"，即是否与他人在同样温度条件下，这是影响人际吸引的一个重要因素。在他们的实验中，当另外一个陌生人和被试在同样的热环境中时，无论之前这个陌生人是恭维还是贬低过被试，温度都不会影响他们的人际吸引。这项研究说明，当与他人分享同样的环境遭遇时，高温不会降低人际吸引；反之，高温会减少人际吸引，如图 4-1 所示。

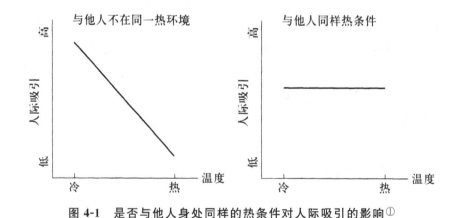

图 4-1　是否与他人身处同样的热条件对人际吸引的影响[1]

---

[1]　苏彦捷.环境心理学[M].北京:高等教育出版社,2016:115.

2.热与攻击性行为

对于 20 世纪 60 年代美国城市和校园发生的一系列暴乱,很多研究者认为那是由于当时正处在炎热的夏季,高温增加了人们的攻击性,致使骚乱发生。格兰逊等人的研究进一步证实了热与骚乱的爆发是有关系的。由于气候和暴力行为之间的关系如此紧密,以致美国联邦调查局把气候列为解释暴力犯罪增加或减少的重要因素。

对热与攻击性行为较系统的研究由安德森进行。他做了三类研究来考察热和攻击性间的关系。第一类是地理区域研究,这类研究比较了一个国家不同区域的暴力犯罪率。例如,比较某个国家最热、最冷和中间温度三个地区的暴力犯罪率。结果发现,虽然有时由于一些社会经济因素的影响,结果不是很明确,但总体来看,较热地方的暴力犯罪率要高。第二类研究是时期研究。时期研究是通过调查在某天、某月或某年中高温时的暴力行为发生率,并与这一时期的一般温度进行比较,看犯罪率是高还是低。结果发现,较热的年份、季节、月份、某天与更多的攻击性相关,暴力犯罪率随温度的升高而增加,非暴力犯罪率则不具有这种关系。第三类是对伴随温度出现的行为所做的研究。结果发现,攻击性行为随温度的升高而增加。例如,巴伦的研究表明,当气温高于 29℃时,司机按喇叭的次数要比气温低于 29℃时明显增多;对于汽车内有空调的司机来说,气温升高不会促使他们按喇叭的次数增多。

随机抽取逐日或逐周气温变化对暴力或非暴力攻击现象的影响研究证明,天气对犯罪活动具有短期影响。例如,温度越高,犯罪活动越多。天气条件以缓慢累积的形式对犯罪活动产生长远影响。政府间气候变化专门委员会的一项调查指出,气温变化在短期内会直接影响犯罪模式的形成。气温与犯罪研究专家马太·兰森建立了 1960~2009 年包括美国 2 972 个郡县的月犯罪量与天气情况的立体图群,反映了犯罪活动与天气条件的密切联系。一般趋势显示,在较低温度情境下,气温与犯罪率缺少明显规律;但当温度较高时,回归系数普遍为正值,即此时气温与犯罪数量的相关系数较大。高温会对潜在犯罪人的自控能力产生消极影响,每年气温高段亦是犯罪高峰,尤其是性犯罪。北半球国家和地区的性犯罪率在3~4月份开始递增,6~7月份达至顶峰,8~9月份渐次下降,11月份降至最低。

然而,一些对伴随温度而出现的行为的实验室研究却得出了一些新发现。例如,巴伦等人的假装电击实验。在实验中,先让一个人去激怒或者恭维被试(不同的生气程度),然后告诉被试可以对这个人进行电击。电击的强度和次数由被试控制,并且将其作为衡量攻击性的指标。被试所在环境中的温度分别为23℃和35℃两种情况。结果发现,当温度为23℃时,被试生气程度越高,攻击性越强。但是当温度为35℃时,则出现了相反的情况:被试生气程度越高,攻击性越低。为了验证这个结果,巴伦和贝尔对相同的实验反复开展多次,结果都一样。也就是说,高温降低了攻击性。

巴伦和贝尔用"消极情感逃离模型"来解释这种现象。按照这个模型,消极情感可能是热和攻击性的一个中介变量,它们的关系可以用一个倒U形曲线来表示,如图4-2所示。在U形的某一段区间内,消极情感增加了攻击行为。

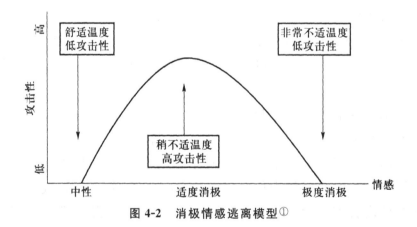

图4-2 消极情感逃离模型①

① 苏彦捷.环境心理学[M].北京:高等教育出版社,2016:117.

但是超过这一区间,攻击性随消极情感的增加而下降,因为此时尽快消除不适感成为个体急需解决的主要问题。在实验室研究中,用热作为影响消极情感的一个因素,证实了攻击性与负性情感之间的关系的确如倒 U 形曲线所表示的那样。

所以,这些研究说明在某个区间内,温度的升高增加了攻击性;但是如果温度过高,超出了这一区间,再加上其他一些因素引起个体不舒适时,攻击性随温度的升高而降低。人们此时最想做的事就是逃离热环境。

当然,天气情况并不是犯罪发生的直接原因。个人实施犯罪的决定是对其行动所要付出的代价和收益的考量。天气条件是影响成功作案与逃脱概率的辅因。另外,犯罪状况不仅与气温变化密切联系,其他一些天气因素也会对犯罪率产生影响,如气压、湿度以及阴晴圆缺等天气因素。在气温高、气压和湿度低而无风的晴天,个体的性犯罪率高;雨天且温度高的时候谋杀案发生较多;昼夜反差与犯罪频率成正比;盗窃、强奸、伤害、杀人等暴力犯罪的夜间发案率高于白天。

### 3.热与利他行为

热让人觉得不舒适,在这种情况下,对他人的帮助行为会受到怎样的影响呢? 关于热与利他行为的关系,佩奇的研究发现,让被试在一个不舒适的热房间中待一段时间,然后让他们自愿报名在一项实验中帮忙。结果和另外一些在舒适温度中的被试相比,来自热环境的被试很少有人愿意参加另一项实验。也就是说,热使利他行为减少。

在坎宁安的研究中也看到相似的结果:他让被试参加一个访谈,结果发现利他行为在夏天随温度的升高而降低;在冬天随温度的升高而上升。

然而其他研究却指出,热与利他行为之间的关系较复杂,还受其他一些因素的影响,例如,被帮助人的外表、热引发人好或坏的情绪体验等。

### （二）冷对行为的影响

如果长时间在冷环境中，可能会造成两种损伤：冻伤和体温降低。如果冻伤发生，那么在皮肤细胞中会形成冰晶。因为当身体遇到冷刺激时，最先做出的反应是皮肤表面的血管收缩，所以皮肤会被冻伤。另外一种损伤是身体的调节机制不能使体温维持在核心温度，从而造成核心温度下降，就出现体温降低。在体温降低的最初阶段，心脏的运动活跃，包括心跳和血压都急剧增加。但随着核心温度下降到 25℃～30℃，心脏运动减慢，并且变得无规律。如果核心温度降到 25℃以下，那么人可能会因为心脏病而死亡。在体温降低的中间阶段，个体可能会出现意识不清和昏迷。由此可见，长时间身处低温环境对个体的危害是非常大的。

有关冷和社会行为之间关系的系统研究很少。贝尔等人的实验室研究发现，当温度在 16℃左右时，被试的消极情绪更多。他们进一步研究发现，与热的影响相似：当负性情感为中等水平时，随温度的下降个体的攻击性增加；但是当负性情感很强时，随温度的下降攻击性减弱。一种解释认为，这是由于低气温使人们更愿意选择留在屋子里，长时间之后会变得易激动、烦躁不安、敌对情绪增强。

贝内特的观察结果表明，在寒冷的冬天，利他行为增多、犯罪率减少。然而，对于这一结论，很多研究者提出异议，认为低气温和利他行为之间有其他一些变量，严寒并不能直接使行为发生改变。

### （三）风对行为的影响

风是大规模的气体流动现象，是由平行于地球表面的空气运动而形成的。当风速超过 129km/h 时，就可能形成具有破坏性的龙卷风和飓风。世界上有一些多风城市，如芝加哥、北京等。虽然在这些多风的地方，大风不像龙卷风那样会带来毁灭性的破坏,但是它会让人们感到不舒适,给人们的行动带来不便。

波尔顿等人对风与行为之间的关系进行了比较系统的研究。实验中的被试均为女性,让她们在风速分别为 14.5km/h 和 32.2km/h 这两种情况下,从一个风道中通过。风道中的温度在 18℃～20℃,湿度为 70%～80%。结果发现,在大风条件下,被试出现以下行为表现:(1)难以沿直路行进;(2)穿雨衣的时间增加 20～26s;(3)系头巾的时间增加 30%;(4)眨眼的次数每分钟增加 12～18 次;(5)从报纸中找到规定词语的时间增加;(6)不适感增加。研究表明,风对人的情绪体验和某些任务操作都会有影响。

此外,因为气温和其他天气的改变都伴随有风,所以风带来的影响可能包括这些因素的共同作用。例如,坎宁安研究了风对社会行为的影响,结果发现,在夏季,随着风的增加利他行为也增加;在冬季,利他行为随风的增加而减少。这说明风对行为的影响是以温度为中介的。科恩为了得到更精确的研究结果,在实验中控制了其他一些气候因素,结果发现,随着风速的增加,暴力行为减少。

大多数研究都表明,注意、唤醒和知觉控制的减弱是风对行为产生影响的一个中介变量,也就是说风不会直接影响行为。

另外,许多娱乐活动都与风有关,如悬挂式滑翔、乘热气球、放风筝、风筝冲浪、玩滑翔伞、帆船航行、滑浪风帆、开滑翔机等。

### (四)海拔对行为的影响

气候会影响人类的行为,同样,高度作为周围环境的一个因素,也会产生影响。海拔高度与气候也有关。海拔每升高 1000 m,温度下降 6℃。所以高海拔地区具有气压低、氧气稀、温度低、日照强、潮湿、风大等气候特点。低海拔地区则是高气压、氧气充足。由于海拔和气候之间的关系如此紧密,因而海拔高度对人的影响很大。

总的来说,低气压伴随着高海拔和暴风雨天气,高气压则通常是在水下或者晴朗的天气。高海拔的主要问题是缺氧,人体对缺氧的适应分为长期的和短期的,包括呼吸、心脏和激素的变化、作业和学习。水下的高压会给个体带来呼吸困难、氧中毒、氮中毒和潜水病等负面影响,不过这些问题都有办法可避免。但是,随着人类的进步和工业的发展,人类对环境的改造使周围环境变得越来越糟,造成了空气污染对天气产生一系列的影响。所以,很多情况下人们会受天气和大气污染的双重作用。

### (五)湿度对行为的影响

湿度是影响人类舒适性的一个重要因素。空气湿度是表示大气干燥程度的物理量。在舒适温度范围内,空气湿度对人体热感觉的影响并不明显,且空气湿度并不是独立对人体热感觉产生作用,而是和其他环境参数,如环境温度、风速等共同作用,从而影响人体热感觉。在不同环境作用下,空气湿度对人体热感觉的影响规律也不同。

#### 1.雨与行为

空气湿度的一个自然界表现为降雨。

雨对我们的生命起着重要的作用,它是生命的源泉,是人类赖以生存和发展不可缺少的最重要的物质资源之一。人的生命一刻也离不开水,水是生命所需的最主要的物质。降雨量的多少会极大地影响人类的生产生活等各个领域,与此同时,人类活动也会影响降雨。人类活动对降雨产生的影响表现在下述几个方面:

第一,人类活动与水循环。人类引水、耗水构成了流域水循环系统中的一个子系统,即侧支循环系统。与此对应,主干循环则是大气降水形成径流并通过各级沟道和河道汇入干流,最后流入海洋的循环过程。

第二,城市热岛效应与降雨量。城市热岛效应又称热岛现象,是指城市中的气温明显高于外围郊区的现象。从早上到日落以后,城市部分的气温都比周边地区异常高,并容易产生雾气。

热岛效应产生的主要原因是区域自然下垫面变化、城区面积的增大、人口密度逐年增长、建筑物多、各种工业燃料燃烧释放、人类活动频繁等。在比较城区内外平均降雨量的差异后,研究者发现热岛效应会引起降雨量的增加。

第三,夏季降雨频次的周末效应。大气气溶胶浓度、降水、气温等要素的这种周循环被称为周末效应。日益加剧的人类活动产生的各种气溶胶通过改变大气成分、辐射、反照率等影响天气和气候,对气溶胶气候的辐射强迫的认识目前还存在很大的不确定性。人类活动有周循环规律,很多地区大气气溶胶也有相应的周循环。

### 2.干旱与行为

空气湿度的另一自然界表现为干旱。干旱是一项与地理特点息息相关的自然灾害,通常是指持续数月或数年的一段时间内,某区域内的实际水分供给低于与气候类型相适应的水分供给量。干旱会对生态环境造成严重的负面影响,可致森林、草原植被退化,破坏湿地生态系统,加剧土地荒漠化的进程及生物物种的灭绝。干旱亦可诱发多种疾病,危害人类健康。

干旱会对人的生理产生影响。辛格等对印度干旱地区儿童健康状况的研究显示,儿童在干旱时期的呼吸系统疾病、消化道疾病和发热等症状都会显著增多,且该类疾病的患病率有随年龄增长而增高的趋势。维尔弗里德对干旱的肯尼亚西部小学生进行皮肤病检测,发现有超过30%的儿童被试患有皮肤病,且这些皮肤病超过65%的具有传染性。

由自然灾害引起的压力和精神创伤会影响整个社会,自然灾害增强了人们的失控感、恐惧感和无助感,长期的影响增加了个体患心理疾病的风险。萨托尼在干旱对澳大利亚农村社区人口影响的定性研究中发现,长期干旱使得农村社区人口承受了严重的压力,被调查者普遍认为干旱问题造成的困境是引发焦虑的主要原因;干旱对社会和情感的冲击力改变了环境,并导致人们对社区未来的担忧。迪恩对澳大利亚西南部干旱地区人群的研究显示,青少年在经过三年干旱后的情绪压力明显高于干旱前。2008年,余兰英等人的研究显示,男性农民在干旱年份的自杀率比较高。

干旱会导致饮用水缺乏,生活用水也相应不足,加之卫生设施不健全,使得干旱地区人们的行为习惯特点也与非干旱地区人们的行为习惯不同。干旱缺水必然使干旱地区的人们珍惜水资源,有限的水量让人们尽量减少不必要的水使用,所以洗手、洗澡等日常清洁用水会减少很多,甚至干旱地区的人们会很长时间不洗澡,这会导致腹泻、出疹、眼充血或流泪等患病概率的提高。

# 第五章　私密性及其实现研究

在发展成熟的人类社会中,无论是领地还是个人空间,很大的作用就是维护个体或群体的私密性。私密性是人类对环境的基本需求之一。按照马斯洛对人类需求的划分,"私密性"属于人类最基本的心理需求,能否满足私密性直接影响到人们对家园的依赖感与归属感。在环境心理学中,私密性的内涵往往大于日常人们所理解的隐私,它总是和个人空间及领域相联系的。

## 第一节　私密性的特点、类型与功能

### 一、私密性的概念及特点

#### (一)私密性的概念

私密性在日常生活中时常被人们挂在嘴边,每个人都能通过自己的生活经历对其产生自己的理解,但在学术上关于私密性的定义仍有不同的观点。

在英语中,"privacy"这个词作为一个具有哲学含义的概念,主要在两种意义范围内被使用:一个是在精神的意义上,另一个则是在社会的意义上。根据《牛津哲学词典》的解释,社会意义上的私密性是指在道德与政治理论中,私人行为是一种与公共,尤其要注意,是与公共机构的法律无关的行为。同样的,关于某人的私人信息也是公共无权获取或使用的。隐私的权利是与某人的自尊联系在一起的。对隐私的侵犯就意味着耻辱的发生。从牛津词典的释义来看,私密性强调了个人控制力。在现实社会中,个人或群体都有控制自身与他人接近,并决定什么时候、以什么方式、在什么程度上与他人交换信息的需要,即要求其所处环境有隔绝外界干扰的作用,并按自己的想法支配环境和在独处的情况下表达感情、进行自我评价的自由。私密性就是指个体有选择地控制他人或群体接近自己的特性。在社会生活中,人类发展个人空间,并通过领域性的方式宣示其所有权,其本质的原因是为了保证个人"隐私"。私密性是一种动态过程,人们以此来调节和改变自身与他人的接近程度。

韦斯廷最早将私密性定义为个体的一种控制意识,或者对其他人与自己接近程度的选择能力,后来的森德斯特伦将私密性分为两大类,即言语的私密性与视觉的私密性。现在被心理学家广为接受的概念由阿特曼提出,他认为私密性是个体能够有选择地控制接近自己的人或物。这一概念与早年韦斯廷提出的概念有相似之处,"有选择地控制"包含两层意思:第一层是控制权的掌握,第二层是"有选择"涉及程度的问题。可以看到,在私密性的概念上,其核心成分为两个:一个是行为倾向——退缩;另一个是心理状态——信息控制。

萨摩在《私密性的社会生态学》一文中谈到图书馆读者的私密性要求时认为:"对许多图书馆读者而言,私密性的感觉是不可缺少的。"研究还发现,最初 10 个到达者当中,经常有 4/5 的学生是一个人进来,他们均选择空桌子角端的椅子,这是一种维持个人心理安静的私密性要求的反映。公园里的桌椅设置也反映出对私密性的考虑:个人游园时往往喜欢独处,不愿意与陌生人同坐一条长椅;夫妇、恋人游园休息时,希望座椅设计在隐蔽的场地。"家"是住户自己的生活空间,容纳"家"的住宅是私密性场所,是内向性的建筑,尤其是卧室。

### (二)私密性的特点

奥尔特曼认为私密性是我们调节空间行为时的核心历程,他把私密性作为这些历程间的核心概念。他提出了"界限调整理论"，以涵盖私密性、拥挤、领域性和个人空间的研究，并满足了环境设计界对正式理论的要求。在此要求中，私密性控制就像一扇可向两个方向开启的门，有时对别人开放，有时对别人关闭，视情境而定。如图 5-1 所示。这个太极图很能说明私密性作为一个开放和封闭过程的特征，通过使用不同的行为机制（每个小圆圈代表一种机制），有时向他人发出开放的信号，有时发出封闭的信号。小圆圈的开放部分和封闭部分是随时间而变化的。通过此模式，私密性可以看成是一个变化的过程，此过程能对人际的、个人的或环境的诸方面在短时间内做出反应。

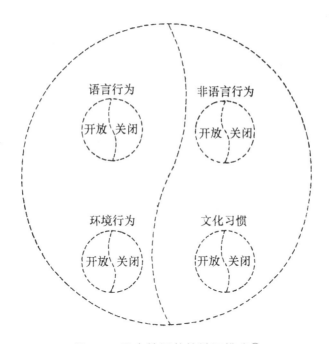

**图 5-1　私密性调整的辩证模式**①

　　开放与封闭的愿望是随时间而涨落的，这完全取决于他是和谁在一起、在什么地方、当时的环境如何以及他的心情怎样。如此，私密性也是一个最优化过程，人们并非试图寻找更多的独处、

---

① 徐磊青·杨公侠.环境心理学[M].上海:同济大学出版社,2002:77.

更多的匿名或保留。现实中，有的人朋友很多，而且常常与他们在一起，但他的私密性依然很强，而有的人常常形单影只、孤家寡人，但他还认为私密性不够，实际上这不是私密性，而是孤独。所以私密性也是社会交流的合适度。

人们可以使用不同的行为机制来控制他们的开放和封闭。譬如用语言告诉旁人自己的愿望："我们聊聊好吗？""我可以和你在一起吗？""对不起，我没空。""不，现在不行。"……这时说话的语气和腔调，或冷漠或热情，可以帮助传达人的意愿。当然也可以使用非语言方式来调整私密性。例如，点头、微笑、畅怀大笑、聆听、凑近、注视对方等身体语言以表示自己与对方交流感到高兴。反过来，用皱眉、移开视线、背对对方，或是不安地玩弄领带和扣子、搓手和看表等动作表示自己对此番谈话没有兴趣。

除了语言和身体语言，还可以用空间来反映对别人的开放或封闭。打开房门把别人请进来，泡上好茶招待客人，会使人感到特别高兴，他知道自己是受欢迎的。反过来可以关上房门，对不速之客一般在门外和他们谈话。另外，也可以用文化上的某些习惯、规定和准则来表示对别人的开放或封闭，不同的文化有不同的准则，但是私密性作为基本人权具有文化上的普遍意义。在文明社会里，无论是在美国或欧洲，还是在日本或中国，这些准则和习惯大多数是相通的。例如，到别人家里作客，最好是预先打招呼；参加晚会应避免到得过早或留得太晚。

语言、身体语言、空间、文化习惯等，这些机制并非单独工作，为获得私密性，人们会组合几种机制共同作用，有时把重点放在语言上，有时则把重点放在空间上。正式场合可能选择语言表达，把语言、具体的动作和文化习惯组合起来表示开放或封闭的愿望。非正式场合，可能用空间的或身体语言传达自己的要求。

依据界限调整理论，私密性、拥挤、领域性和个人空间四者之间存在着明确的关系，其中私密性最为重要，它是使四项概念结合在一起的黏结剂。私密性是一个能动的调节过程，依此过程，一个人或团体使自己更易于或较不容易接近，而个人空间或领域行为是用来获取私密性的手段,拥挤可以看成是私密性的各个机制未能发挥作用的一种状态,结果是产生了过多的令人厌恶的社会接触。如图 5-2 所示。

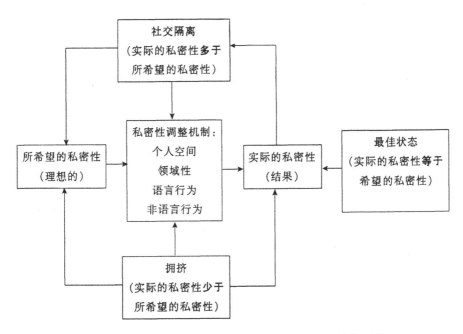

图 5-2　私密性、拥挤、个人空间和领域性之间的关系[①]

可见,个人空间、领域性、语言行为、非语言行为以及文化习惯等一起,构成了私密性调整的行为机制。通过上述分析,这些行为机制可以用来调整人们对社会交流的开放与封闭。

私密性还具有层级性,主要有以下几层。

(1)都市公共和都市半公共:公共的属于社会共有,如道路、广场和公园等;半公共的是指在政府或其他机构控制下的公共使用场所,如市政公共部门、学校、医院等。

(2)团体公共和团体私有:公共的是指为公共服务的设施,属于特定的团体或个人,如邮件投递站、公共救火器材等;私有的属于社区级共用的设施和场所,如社区中心、游泳场等。

---

①　徐磊青,杨公侠.环境心理学[M].上海:同济大学出版社,2002:79.

（3）家庭公共和个人私有：家庭公共活动的地方如起居室、餐厅、卫生间等，个人私有的如由个人支配的居住房间等。

## 二、私密性的类型

私密性可分为以下六类。

（1）独处：个体希望完全不受他人干扰，也不被人窥视或偷听的状态，采取视听隔绝措施。例如，为了避免打扰，独自进入屋内并把门关上（与隐居于渺无人烟处不同）。

（2）隔离：使自己与他人直接隔开一段距离，如息交绝游，幽篁独坐，漱石枕流，孤身独行，浪迹天涯等。

（3）保留：采取控制措施，防止个人信息通过言语等方式泄露，不愿他人对自己有所了解，不愿与人交往，尤其不欢迎不速之客。例如，财产信息、家庭背景或情感状态。保留是大多数人在日常交往中采取的私密性策略：直白的如"凭什么告诉你"；曲折的如"你猜，你猜呀"；隐晦的如"顾左右而言他"；高深的如"笑而不答心自闲"等。

（4）匿名：处于一群陌生人之中不让人注意自己，如独自去参加音乐会等。匿名的必要条件是两人或以上个体通过某种方式交流（通信工具或面对面等），却不希望在场的其他人知道自己的任何信息。演员、歌手或是其他社会名人对此需求最为明显。在信息时代的网络交流时，虽然人们通常会共享自己的昵称、生日等基本信息，甚至很多网站都用实名认证，但在一般的网络交流中仅凭这些信息无法推知现实生活中更多的个体信息，因此也是实质上的"匿名状态"。

（5）与朋友亲密交往：与之亲密相处并参加无外人打扰的聚会和活动，旨在增进与朋友的互动，例如情侣或者闺蜜之间的交流，这种状态一般是在亲密距离或者个人距离下的交往。

（6）与家人亲密相处：指在限制信息输入（如关掉手机）的情况下单独与家庭成员相处，并参与家庭活动。

　　一般情况下,对私密性的测量采用自我报告和观察的方法,因为私密性本身就具有个体的选择性,所以实验室中对信息私密性的实测比较困难。有研究者通过实地观察在自动柜员机、自动充值机、自动售票机前排队的人们之间的人际关系距离,来测量人们的私密性。结果发现,随着在自动柜员机前个人信息量的增加,人们对私密性的要求也逐渐增高。

## 三、私密性的功能

　　个人信息的过分暴露,尤其是视觉暴露,会使人感到私密性遭受侵犯而产生失去控制的消极情绪。而私密性有助于建立自我认同感。自我认同在一定程度上依赖于自我评价。自我评价是将自己与他人比较,以确认自己的能力、缺点和总的个人价值。然而,必须将自己放到相应的社会背景之中。私密性还有助于个人建立和保持自律,从而增强独立性和选择意识,失去自律也就失去了与社会环境相互作用的控制感。因此,关键在于所体验到的选择性和控制感。善于交往是一种能力,耐得住寂寞也是一种能力。人与人之间所保持的空间距离,直接反映着彼此相互接纳的水平。心理学家发现,任何一个人都需要在自己周围有一个自己把握的自我空间,虽然这个自我空间会随情境、单位空间内的人员密度、文化背景及个人性格等因素而发生变化,但无论是谁,只要他是处于清醒状态,都会有这种拥有自我空间的需要。总的来讲,私密性的功能可以划分为四种:自治、情感释放、自我评价和限制信息沟通。

### (一)自治功能

　　私密性可以使个体自由支配个人的行为和周围环境,从而获得个人感。在私密空间内,个体可以完全按照个人愿望行动,并可以按照自己的规划和喜好对所处环境进行布置,充分发挥自我能动性,做到拥有可以"自我治理"的小天地。例如,整理自己拥有的空间,进行个性化布置;在自我空间总完全放松自己的身体,或躺或坐,穿着随意等。对于大多数人来说,都渴望有一个明确属于自己的空间。这个空间与自己相协调,它欢迎自己的到来并可以给予慰藉。"自我空间"有时犹如船锚,有时又像是庇护所,有时又好似地球上一个固定的参照点,形式千变万化、复杂多变。

不过,为了适应环境,个体必须具备调整自我的能力,调整开放和封闭的界限就是这种能力的一部分。如果一个人无法与别人来往,他会感到孤独;反之,如果他不能把别人的干扰限制在一个合理的范围内,那么也很难说此人有明确的自我。

### (二)情感释放功能

随着社会的复杂化,人与人的关系、精神与物质的关系也日益复杂和多样,情感对协调人与物、人与人之间关系的重要作用日趋显现。私密性的一个重要功能就是保证情感得以宣泄。在拥有私密性的空间中,个体不用担心来自外界的评价和约束,可以自由地释放自我,充分表现自己的真实情感。例如,社会认为男性应该是坚强的,"男儿有泪不轻弹"是社会大众对男性群体的认知,这一社会约束性使得男性认为在有他人的空间内过度表露情感是不合时宜的。但在拥有私密性的空间内,男性就可以不用考虑社会评价,不用囿于他人惊讶的目光而尽情地释放自我。

我们可以在人前开怀大笑,但不能在人前号啕大哭,即使此刻是多么的痛不欲生。听到一首美妙的曲子,在家里可以和着节拍翩翩起舞,但在大街上我们甚至都不会摇头晃脑。社会学家常把人们在公开场合中的行为称作"前台行为",而把非公开场合的行为称作"后台行为"。通常,人们在后台是"不化妆的"、如释重负的。舞台后面我们远离公开场合中所扮演的角色,摆脱别人对我们角色的期待,这时我们真正体验到自我,并把真实的情感酣畅淋漓地宣泄出来。心理学已经证实,有效地进行定期的自我释放有利于身心健康。因此,当我们不愿意将自我的情感表露在他人面前时,私密性就尤显重要。

### （三）自我评价功能

私密性可以使个体有进行自我反省、自我设计的空间。当面临困境或问题时，人们往往希望待在一个安静的地方进行思考。此时，一个有良好私密性的空间可以帮助人迅速冷静，不被干扰地反思自己所出现的问题，找到合理的解决方法，从而进行自我规划。私密的空间有利于人们较清醒地正确认识自我；当能够保证自己的私密性时，会觉得被他人尊重，得到认同，有存在价值，由此而建立起良好的自我认同感、自尊感和自我价值感。自我认同是一个人或一个群体从认识上、心理上和感情上明确自己的存在。它包括人们知道他们从何处开始到何处结束，物质世界的哪些方面是自己的部分，哪些方面是他人的部分。它包含自我认识一个人的能力和局限、实力和弱点、情感和认知、信念和怀疑等。对自我明确的人来说，重要的不是包容或排除他人，而是在需要时调整接触的能力。

私密性与自我认同之间的关系较难用实证检验，但毫无疑问，人们在与他人的交流中，如果缺乏控制界限的能力，那么他的自我认同感和自我价值感是会出问题的。

### （四）限制信息沟通功能

个体把人际关系处理得好与差，与私密性调整的关系甚为密切。一方面通过调整开放和封闭，我们可以按自己的愿望，按照自己与别人关系的密切程度和场合进行适当的交流。个体渴求私密性的主要原因就是想要保护自己与别人的交流。你可以在拥挤的公共汽车上和朋友讨论昨晚中国足球队的糟糕表现；但只有远离别人的耳目，你才能和律师开诚布公；和爱人讨论家里的存款时唯恐隔墙有耳。

良好的私密性调整有助于保护个体与他人的顺畅沟通，使当前的交流不受阻碍和干扰而得以顺利进行。比如，现在越来越多的住宅会设计出独立的书房以满足工作学习或接待来访者的需求。当办公或学习时,可以通过封闭空间(关门或拉住隔挡)的方式告知同屋中的他人,此时"我需要独处,请勿打扰";当有来访者需要讨论工作或学习上一些不方便他人旁听的问题时,书房的私密性也可以控制信息的过度扩散。办公室中人际交流与私密性二者间的关系一直是学者们关注的焦点。在开放式平面办公室工作的职员们对私密性不满意,具体地说,他们认为无法保证某些谈话内容不被别人听到。富人自我感觉特别好,因为他们可以对别人的接近度有全方位和全天候的控制。他们有豪华的私人住宅、漂亮的私人办公室、专门的私人俱乐部,以及私人秘书、私人律师、私人财务顾问、私人交通工具,甚至是私人电梯和私人入口。

# 第二节　私密性的影响因素

每个人都需要私密性,而实质环境和社会氛围的不同,使不同的人对私密性的行为、信念和喜爱度方面存在很大差异。文化环境的不同、个性的不同、社会经历的差异会使得某些人对私密性的要求比别人更强烈。不同的实质环境,对人们的私密性也有不同的影响。影响私密性需要的因素,大致可以归为个体因素与情境因素。个体因素主要包含性别、个性等因素,而环境因素主要分为社会情境、实质环境、文化环境因素。

## 一、个体因素

### (一)性别

男人与女人在私密性方面存在着明显差异。一般来说,女性相较于男性更能忍受拥挤的环境,也表现出更加积极的态度。这可能是因为男性更偏向于理性导向,而女性则有更多的情感导向,更喜欢与周围的个体建立情感上的联系,在拥挤环境下人与人的情感交流会更加便利。一些研究说,女人对付高密度情境比男人更积极。其原因可能是在高密度情境中女人们更同病相怜,比在同样情形下的男人们更喜欢或同情她们的室友与同伴,因而她们之间的合作要优于男人。也有可能女人们对高密度情境有更有效的私密性调节机制。譬如有报告说,在大学公寓里,女大学生比男大学生告诉室友更多的社交上的事情(信息上的私密性),而且在此环境里女大学生之间的关系更亲密更友好。相反男大学生在对付高密度情境问题上似乎调整了他们对私密性的价值观,并在可能的情况下逃离这个地方。

### (二)个性

私密性对个人的认同感和自尊感方面扮演着关键的角色,私密性不足的人其自我认同感和自尊感必然较低。有更高私密性需要的人往往幸福感较低,自我控制能力差且有更多的焦虑感。较为焦虑的人往往需要私密性来保护自己,或是自己在受到伤害以后有地方复原。此外,精力难以集中的人由于更难忍受他人的打扰,在希望专心做事的时候相较于其他人也会对私密性有更高的要求。与此相似,性格内向的人也对私密性有更高的要求,性格内向的人比性格外向的人有更多的保留,而保留就是私密性的一种类型。

## 二、情境因素

### (一)社会情境

社会情境同样影响私密性,这包括个体与谁在一起、个体在做什么、当时的心情如何等。私密性是一种事过境迁的过程,有千变万化的情态。当你与爱人晚上刚看完电影回家时,你们希望保持更多的私密性,但你与朋友们讨论明星八卦的时候,则对私密性的要求不高。同样的,你希望有一个单独的房间与律师讨论你们诉讼案件的是非曲直,但在大街上你会与律师一起聊股票。总的说来,人们对私密性的满意程度因社会情境的变化而变化。

### (二)实质环境

家庭密度在实质环境里很有影响力。有两种理论可以预言家庭密度与私密性偏爱之间的关系,但这两种预言是完全相反的。从驱动力减弱的观点来看,可以预言,如果一个人在家庭里不能获得充分的私密性的话,他在其他场合会努力寻找更多的私密性以弥补在家庭里的损失。按照适应水平理论,可以预言,如果一个人在家庭里获得的私密性不是很高的话,那么他在其他场合里对私密性的兴趣也不会太强烈,因为他已适应此种状态。

人的适应能力是惊人的,即使非常拥挤的环境,人们在此环境里得不到多少私密性,但照样会利用可以利用的资源以适应它。病房里的情况就是如此,在大病房里经常可以看到四至六人同住一室,穿衣脱裤、亲属的陪夜、朋友的探视,以及一些特殊的生活习惯皆暴露在人前,可是病人照样适应此类私密性差的环境。局促的住房条件必然导致家庭里私密性的缺失,但人们还是成功地适应了这种情况,但此种适应不是健康的适应。

研究还发现,那些生活在具有开放平面特征住宅里的居民偏爱较少的私密性。但此结论与开放式办公室的很多同类调查所得结论完全相反。工作人员偏爱在较私密的传统办公室,不喜欢开放式的大办公室。在开放式办公室里工作的雇员,由于他们的私密性受到影响而导致对工作满意度的评价较低。总体上说,工作人员对私密性的满意与周围空间的可封闭程度密切相关。私密性满意的最好的预报因子,是工作人员工作台周围的隔断和挡板的数量。私密性的满意度可以看成是环境能提供的单独感的函数。

私人信息的组织与管理也是私密性的重要组成部分,可是此方面的研究工作比较少。令人感兴趣的是什么样的实质环境会让你透露更多的信息。研究分析，"柔性空间"使人透露更多的心事。所谓柔性空间即软软的地毯、温暖的壁挂、布艺扶手椅、装修过的墙面，以及摇曳的烛影等这一切所勾勒的气氛之总和。

### （三）文化环境

在不同的文化环境下人们对私密性的要求会有极大的差异。在中国之前的传统社会，整个家族往往以聚居的形式生活在一起，彼此之间在生活中相互照应，情感联系紧密，彼此之间的私密性程度较低。但与家族外的人由于缺乏宗亲关系，而对私密性要求很高，正所谓"家丑不可外扬"。而西方社会与之形成了鲜明的对比，哪怕是家庭中亲子之间也极其注重私密性的保护。当今的中国社会正处在转型期，在科学知识层面大量学习西方科学文化知识，西方文化的影响也开始蔓延到传统伦理层面，但数千年的儒家思想仍然根基深厚，因此，在这样两种文化的共同影响下，私密性出现了矛盾的一面。例如，"他人的日记是隐私不能随便翻看"得到每个人的认同；但某些中小学将写日记作为作业并由老师批改；家长在翻看孩子的日记之后会对孩子的感受和行为进行评价。

私密性的意义部分源自生理上与生俱来的安全性要求，同时也与社会文化所带来的羞耻意识有关，而后者在不同的文化传统中程度和意义不同，表现的形式也有差别。例如，在当代西方社会中，私密性主要体现为身份以及个人隐私事务（工作、收入等）方面的私密性，而非身体上的私密性。在东方社会中则正好相反，身体的私密性始终是排在私密性问题中最为重要的位置，而在西方人看来属于个人事务的一些内容则是可以在公共场合谈论的。对于身体私密性的强调使得东方世界对居住空间中隔绝外界视线的要求看得更为重要。因此，对于东方人来说，理想的居住模式永远是内向性的，为了私密性甚至可以放弃景观的需求。

除文化内部私密性的影响因素，文化间的私密性也存在明显差异。德国人有很强的自我观念和自尊心,他们把个人周围的空间视为个体存在的延伸,从而强调空间的私人占有和防卫功能。德国人在房间里工作和生活时喜欢把门关闭,由此造成封闭空间中个人活动的独立性,未必有什么不可告人的秘密,往往不过是避免别人打扰而已。而美国人则不然,他们认为空间可以共享,因此喜欢把门开着。美国人的私密性是以降低说话声音不让无关系的人听见为界限的,听到别人的谈话内容则是不礼貌的。假如一位美国人想和屋内的人谈话,而且是非正式的,那么,他可以站在打开的门槛上说话,这样既没有侵入室内他人的空间,说话声也可以为对方所听见。这种做法会让德国人产生误解,认为已经侵入了他人的空间,因为德国人是以视觉为区分界线的。只要你被对方看见,对方就打扰了你。相反,德国人关起门来说话,会使美国人感到不可理解,似乎有什么神秘的事情在屋内发生。也就是说,德国人重视视觉侵犯,美国人重视听觉侵犯。一般认为英国人比美国人要保守些,他们不以主动安排和选择来支配空间,往往借助于内心防卫来保护隐私。英国人即使和邻居同住一座公寓楼好长时间,也不一定要与之交往,因为英国人认为社会地位的接近比空间上的接近更加重要。法国人口密度高,因此户外活动是脱离城市拥挤的一种逃避方式。但与英美两国人相比,法国人更加容易发生亲密的感觉模式。在公开场合,如大街上,法国男子可以大方地注视陌生女子,而美国人则认为这是不礼貌的侵犯行为。在阿拉伯人的人际接触中,几乎没有私密性可言。阿拉伯人与人交际时,嗅觉和触觉都很重要。他们把闻到对方身上的气味和接触对方的身体都认为是礼仪之内的合法行为,而注重视觉和听觉的西方人则视其为不可接受的非礼行为。中国文化讲面子,又讲合伙性。站在开着的门槛上说话是不好的,这说明你缺乏诚意或者不想多谈。对在门口的人来说,主人应该让他进屋再细谈。

除了意识层面的文化因素,在实际的社会交往过程中,客观情境因素也会影响个体对私密性的需求。马歇尔研究发现,居住在不完全封闭房间里的人对私密性的要求更低,这可能是因为其已经适应了比较低的私密性条件下的生活。费尔斯通调查了数家医院,医院中有的病人住在条件比较好的单人间,也有多人共享的病房,调查结果发现,与他人共享病房的病人反而有更低的私密性要求,这主要是因为病人的社会经济地位存在差异。在日常生活中隐私对个体的重要程度更高,而对私密性有更高的要求。

## 第三节　私密性在环境设计中的应用

私密性体现在环境设计上,主要是从空间的大小、边界的封闭与开放等方面,为使用者提供不同层次的控制感和多种选择。具有不同生活经验的人对私密性的要求是不同的,所以在设计工作环境、休闲娱乐环境乃至开发新的住宅区时,就需要考虑到不同人对私密性的不同要求。除使用者的私密性要求,不同功用的环境对于私密性的设计要求也不同。在游乐场、超市等需要更多互动的场所设计中对私密性的考虑可以适当放宽;在住房等设计中则需要更多地考虑到人们对私密性的需求;而在类似于咖啡馆、办公室等半公半私的空间则需要具体分析。以下主要论述居住场所、开敞教室、办公室、环境景观、社会机构设计中的私密性应用。

### 一、居住场所设计中的私密性应用

广义的居住场所包括住宅、居住区、集体宿舍、监狱、医院病房乃至旅馆客房,是影响个人生活体验的最重要的场所。研究证实,居住场所私密性的重要作用包括:保证居家生活的和谐与宁静,提高集体宿舍居住人员的满意程度,减少监狱暴力行为,改进居住场所中的工作和学习绩效等。其中,居家生活中的私密性尤其重要,对私密性的要求是最高的。对于独幢住宅来说,私密性的保护比较简单,一般使用篱笆、围墙等隔离物与外部环境隔离,就可以很好地保护住宅内部的私密性;但城市中的公寓设计则需要面对更多的问题,其中最重要的就是隔音问题。缺乏足够的私密性会引起各种问题。研究发现,那些因非学业原因退学的学生,把"缺乏私密性"作为退学的原因之一,认为学校集体宿舍中"找不到一个安静的地方独处"。缺乏私密性、多名罪犯共处的牢房有可能使年轻囚犯沾染上许多反社会行为。至于住宅,缺乏私密性会导致居民的各种"应对行为",甚至引发居民冲突和各种不满。

一个良好的居住环境在内部应该提供不同层次的私密性,满足不同个体或家庭的需要。既能让单身族拥有自己的小空间,又能够让老年人与其子女可分可合,还能够让三口之家亲密有间,等等。

中国传统文化中,家与园构成一个不可分割的整体。家是私密空间,园是半私密空间。在建筑特征方面,能明显地反映出从居住的私密空间到半私密空间到公共空间的递变。以北京一般百姓居住的普通四合院为例:由房间围合成对外封闭、对内开放的院落。尽管后来大多数都成了杂院,但室内仍属于个人或家庭的私密空间,院内则是全院居民共享的公共空间。而对外人来说,这里又是私密空间。院门恰好正对作为屏障的影壁(独立或附于厢房山墙)。

居住场所的户外也需要保持一定的私密性,即半私密性或半公共性。在不同的文化中,这种需要具有不同的体现方式。英裔美国人以宅前的草坪象征户外的半私密空间和群体的同一性。有研究者对加利福尼亚的一些新社区进行研究发现,即使室内家具尚未备齐,居民也会将宅前的草坪种植并修整完好。丹麦人在住宅前常种上一人高的山毛榉树篱,这是与草坪和围栏类似的暗示。中国传统的大户住宅有的规模极大,称为"庄园""花园"或"大院",相应的象征手法更多,如下马石、户外影壁、泰山石敢当、牌楼群、特殊树木、专用街巷等。尽管文化及表达方式不同,但都有保持住宅户外空间半私密性的共同需要。

　　生活在具有丰富私密性—公共性层次的环境之中,令人感到舒适而自然,既可以安静独处,又可以选择不同的交往方式。半私密或半公共的地带还具有缓冲作用,可以避免不必要的应酬,屏蔽外来刺激。

　　居住场所设计中的私密性应用,要注意以下几个问题。

　　(1)男女有别。设计应避免造成尴尬局面,包括厕所标志不清;男女合用厕所前室;易受外来视线干扰;违反认知规律(同一座楼的厕所,有的男左女右,有的男右女左)等。

　　(2)俯仰有别。有经验的建筑师对此能准确地加以把握,如建筑大师赖特早年设计切内住宅时,特地在宅前设置了有挡墙的平台,行人的视线越过挡墙顶部,恰好落到住宅起居室大门的上缘。居住者坐在室内时行人完全看不到他的身影,而在需要时,居住者又可很方便地走到室外凭靠挡墙与邻居和行人谈话,既能使住宅生活不受干扰,又为居民提供了丰富的感受(图5-3)。

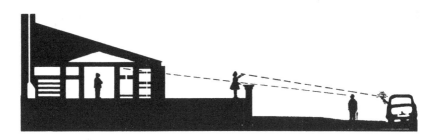

**图 5-3　切内住宅视线图解**[①]

　　(3)群体和文化有别。建筑设计中,应根据不同群体的需求,寻求私密性和公共性的平衡。研究认为,带有灵活隔断的4～6床病房既能适应保持自身的私密性,又能维系与他人的交往,最适合大多数病人。私密性还因文化和亚文化而异。例如,日本的传统住宅,虽然四周也常有围墙或篱笆,入口处还有视觉屏障,但住宅之内,居民却不再关心私密性,也不再担心彼此的声音干扰(采用隔声极差的木质推拉隔断),形成各自的领域成为获得私密

①　胡正凡,林玉莲.环境心理学[M].3 版.北京:中国建筑工业出版社,2012:186.

性的主要手段。而在中国汉族的传统民居中,不少深宅大院不仅住宅入口处有照壁"站岗",以确保"内外有别",而且住宅内部也存在区分主客、尊卑、长幼和男女的多种实质性或象征性的门槛,外加社会礼节上的种种规定。

## 二、开敞教室设计中的私密性应用

传统教室的课桌采用行列式布置,讲台与课桌相对,而开敞教室(图 5-4)是一个没有隔墙的大空间,可容纳三至五个班的学生和教师。设计旨在创造高度灵活的教学环境,布局机动,内部不设永久性隔墙,以适应教学不断变化的需要;同时又可促进教师之间、师生之间和各班学生之间的交流和交往。

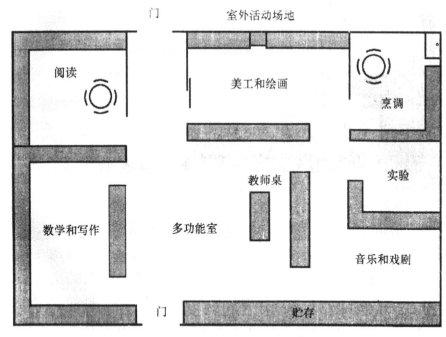

图 5-4　开敞教室平面示意①

研究普遍认为,开敞教室缺乏私密性,易引起更多的视觉与

① 胡正凡,林玉莲.环境心理学[M].3 版.北京:中国建筑工业出版社,2012:188.

听觉干扰。教学环境的改变必然起因于教育思想的更新和教学方法的变革。传统的教育方式不能区别对待学生之间的个人差异,不利于调动学生主动学习的积极性;开敞式教学可以说是对"无年级教育"的一种尝试,以便学生按照自己的兴趣、需要和理解力选择所要学习的课程。显然,开敞教室需要更灵活的教学方式和课堂组织。但是,开敞教室不利于维持课堂秩序和教师的控制,尤其不适合能力较差和学习动力不足的学生。

## 三、办公室设计中的私密性应用

相较于住宅,办公室也是主要领地,但是限于成本以及促进员工之间交流的需要,很多公司的办公室使用简单的隔板来将办公室区隔为一个个单独的工作空间,与此类似的是宿舍的床帘、咖啡馆的高茎植物。这些简单的隔离物可以保证视觉上的屏蔽,但无法保护言语的私密性,因此,在办公室等公共场所人们会选择低声交流。每个人在工作时都有一定的私密性要求,在工作时不希望受到别人的干扰。大量的调查表明,工作时的私密性和整体的工作满意度有关。缺乏私密性的办公室会影响员工的工作满意度。一般来说,在私密的办公室里工作的人,要比在与人共享的办公室里工作的人对工作更满意。私密性意味着雇员们在工作时有一种更自由的感觉,更有创造性、独立感和责任心。除了以上的感觉,私密性与雇员们对工作环境的控制意识有着强烈的联系。在公司或组织中,私密性强的人常常是高级职员或管理者,他们不是有个人办公室,就是与普通职员的办公地点有一段距离。工作场所的私密性意味着降低外界的干扰和减少分心的因素。这些可以降低他们的工作压力同时集中注意力,雇员们可能更乐于主动工作,容易取得成绩。如果在空间里雇员们不能对别人的接近有任何控制,无论是身体上的、视觉上的,还是听觉上的和嗅觉上的,按照信息超载理论,雇员们所遇到的令人厌恶的社会接触的机会将大大增加,这将导致雇员们负面感受的增加,使他们感到沮丧,导致工作压力增大。以下就开敞、个人办公室设计中的私密性应用展开阐述。

### (一)开敞办公室设计中的私密性应用

开敞办公室有时也称景观办公室,于 20 世纪 60 年代出现于德国。它是一个大面积开敞的工作区,其中没有从地面到顶棚的隔墙,有的一层楼就是一间大办公室。办公桌、工作空间、低矮的可移动隔板等反映了流线型工作方式和特定办公场所的组织程序。它试图通过把各部门合理地并置在一起以实现良好的信息沟通,其目的是为全体员工提供一个舒适的工作环境,同时又能经济地使用空间,提高管理部门改变办公室布局以适应工作方式之改变的能力。

同传统的大办公室以几何学规律配置桌椅不同,开放式办公室与环境美化运动密切相关。在这些宽敞的大空间里,设有很多绿树盆景和低矮的屏风式隔断,它们与自由布置的桌椅一起,有机地组合成适用的空间。当工作方式改变,或对环境感到腻烦时,随时可方便地移动桌椅与隔断,就能使办公室获得新的组织和形态。开敞办公室中的私密性显然低于个人办公室的私密性,但开敞办公室量大面广,是市场的主流。

在开敞办公室中,如果工作空间周围有各种隔断的话,那将有助于提高雇员们工作时的私密性。研究发现,随着周围空间隔断数量的增加,雇员们的满意度提高了,私密性增强了,工作绩效提高了。除了隔断的数量,隔断的高度也与私密性有关。一般来说,隔断的高度越高,人们对私密性、交流和工作绩效等项目的评分也越高。当然,如果隔断隔到顶棚就成为隔墙了,隔墙的私密性最高。

在开敞办公室里巧妙地布置桌椅也能提高私密性。他们发现如在工作时看不到同事也可以令人有私密的感觉。这意味着在共享的办公空间里职员们背靠背办公,不产生视觉接触就能创造某种程度上的私密感。

在某些场合中开敞办公环境的确可以提高工作效率,但必须解决噪声干扰和缺乏私密性的问题。此外,开敞办公室的空间应足够大,以免人们因活动受限而产生拥挤感。在我国,社会的开放与变革导致文化更加多元。与此相应,每个人对私密性的需要也越来越高。为此,需要在物质环境特征方面为人们提供较多的选择性与控制感。

### (二)个人办公室设计中的私密性应用

与有很多人一起办公的大办公室相比,个人办公室的私密性程度高,也更受人欢迎。大办公室里有太多的干扰和令人分心的因素,但在个人办公室里,门与墙体是保证私密性的关键,个人办公室能让不必要的令人烦心的因素止步于门前或墙外。个人办公室是"一个人"使用的办公室,比普通员工更加强调个人的领域感,所以个人办公空间是一个个性十足的空间,它的环境布置与企业的性质、管理者的个人喜好等有很大关系。个人办公室是一个领域感很强的空间,比普通员工办公环境更具私密性,要进入个人办公室需要经过秘书同意才能进去,它的位置应该处于视角开阔的位置,管理者办公后可以远眺,放松自己的心情。在办公时要做好通风和遮光。墙面可以做夹板面层辅以实木压条,或以软包做墙面面层装饰(需经过阻燃处理),以改善室内空间谈话效果。

人们总是希望有自己的个人办公室,要是能做到这一点,除了私密性,他还能得到其他的好处,但对公司而言,实在是不经济。

## 四、环境景观设计中的私密性应用

环境景观是建筑的延伸部分,景观私密空间的营造是目前人们所关注的热点问题,这也应该成为景观设计师的目标之一。环境设计的重要性在于尽可能提供私密性的调整机制。

　　私密性在环境设计中有着举足轻重的地位,关系着人们对环境的控制感和选择性。因此,在环境设计中不可忽略私密性的存在。在园林绿地中,私密空间和公共空间的界定也是一个相对的概念。绿地离心空间,如一些专类附属绿地——医院绿地、图书馆绿地、车站广场绿地等的植物配置就要体现简洁、沉稳的特征,在性格上倾向于互相分离、较少或不进行交往的特点。在这样的绿地中,人们总是希望减少环境刺激,保证"个人空间"及"人际距离"不受侵犯。因此,在景观设计的过程中应该充分考虑这些空间属性与人的关系,从而使人与环境达到最佳的互适状态。例如,在车站的出入口和广场上可以利用标志性的植物或构件,加强标志和导向的功能,使人产生明确的场所归属感;在医院可以利用植物对不同病区进行隔离,并利用植物的季相变化和色彩特征营造不同类型的休息区。

## 五、社会机构设计中的私密性应用

　　有的环境是为社会上一些特殊的群体建造的,譬如养老院、大学公寓和监狱等。以下将探讨在大学公寓和老年公寓中的私密性的情况。

### (一)大学公寓

　　大学公寓的功能主要是满足大学生睡眠、休息、学习、交往、研讨、储存及做饭吃饭等多种要求。标准不同,则功能有所增减。但基本上可以归纳为住宿、学习及社交三大功能。

　　大学公寓设计的内容与形式随地区、气候及经济条件的不同而有较大差别。大学公寓设计要解决的问题一般包括科学的空间规划,合理的功能分区,良好的采光通风及朝向,舒适的空间尺度,优美的生活环境,多层次的交往空间。

　　大学公寓并不是大学生们唯一的生活环境,但从学生们在公寓里所待时间、完成作业以及从事的各种活动而言,大学公寓在大学生的学习生涯中占很大比重。

不论在什么地方，一定程度的私密性对学生的有效学习都是必要的。在公寓里学生们除了睡觉、个人活动和娱乐时希望有私密性，也十分重视学习时的私密性。据调查，超过一半的大学生的学习是在公寓里完成的。而当同房间学生人数增加时，房间内学生的学习时间普遍减少了。多人公寓迫使大学生们寻找其他空间以满足学习需要，如图书馆或公寓中的休息室。

在公寓设计上，走道型公寓的私密性较差，特别是双负荷走道，其服务的房间数多，使大学生之间有太多的相互作用与交往，噪声干扰严重，这导致拥挤感大为增加。而研究发现，如果将走道的灯光照度由 54 lx 降低至 5 lx，在实验的多数状况下，走道上的噪声都显著降低，从而在视觉上获得较好的私密性。

在空间策略上，如果采用组合式（如同一开放办公室，在现存的较大空间里分隔出一部分做睡眠用）设计，很多人共享一个大房间，仅划分睡眠区而不对其他活动提供控制私密性的手段，也无法控制噪声干扰，那么学生们在公寓里的私密性缺失会相当严重。如果采用短走道和低密度（一人或二人一间房）的走道式设计，其私密性是比较受欢迎的。它允许学生有效地控制自己的实质环境，如照明、温度以及自己的社交生活。他们可以较好地控制什么时候与别人交往、是否交往、与谁交往。

我国的大学公寓主要是作为休息的场所，学生们通常不在公寓中而是在各专业教室和图书馆里学习，因此其私密性都比较好。而且大学生对公寓没有选择权。但现在大学公寓的住宿条件在逐渐好转，越来越多的学习会在公寓里完成，特别是个人电脑逐渐在学生公寓里普及，以及公寓中学生人数的减少，都有助于学生们在公寓里学习，这些都会导致学生们对公寓里的私密性有更高的要求。

## （二）老年公寓

对住在医院、养老院和老年公寓等公共机构中的人来说，私密性是个大问题。老年人的生活空间应有他自己的支配权。老年人有其固有的长期形成的生活习惯,喜好和隐私,这些应得到充分尊重。在同住型老年公寓中,老人的生活空间应避免他人穿行和干扰。普通型老年公寓,老人的居室不可过小,也不可同住,以免因老人个人的习惯爱好而引起摩擦。老人的居住单元室内应按老人的意愿布置,可使用自己原有的家具,使老人有家的亲切感和归属感。即使在护理型老年公寓,为方便护理老人不得不合住,亦应设置轨道窗帘或活动隔板,以防止自己的身体暴露,保持老年人的尊严。

# 第六章　领域性与个人空间研究

　　领域指的是由个体、家庭和其他社群单位所占据的、应积极保卫不让同种其他成员侵入的空间。在《动物世界》栏目中,经常可以看到动物之间争夺领域。这种领域争夺主要与动物的繁殖相关,即动物只有争夺到一定的领域并确保其安宁,才能安全地度过繁殖期,延续物种。其实,领域之争不仅仅存在于动物群体之中,人类也有维护自我领域性的本能,只不过在领域性行为方面比动物的领域性行为要文明。此外,人类在维护领域的本能驱动下,为了确保自我安全,往往会形成一定的个人空间。不过,人类的个人空间并非一成不变的,而是会根据周围环境的变化而进行一定的调整。在本章中,将对领域性与个人空间的相关内容进行详细研究。

## 第一节　动物领域性以及动物的领域性行为

### 一、动物领域性

#### (一)动物领域性的含义

　　在理解动物领域性的含义之前,先来了解一下动物领域的含义。关于动物领域的含义,不同的学者有不同的看法。比如,伯特认为,动物在日常活动中所占领的区域范围,便是动物领域;麦布里奇认为,动物防止其他同类个体侵犯的固定地理区域,便是动物领域,等等。

综合上述看法,可以这样界定动物领域性:动物领域性是指动物个体或群体占领一定可以使自己生存、戏耍和繁殖的区域,并保卫其不被侵入的一种倾向或特性。动物所占领的这个区域,既可以是永久性的,也可以随气候、季节的变化而改变。

### (二)动物领域性的意义

在动物界,领域性现象是普遍存在的,而且对于动物的生存与发展具有重要的意义,具体表现在以下几个方面。

第一,每种动物都有自己最适当的生存密度,而且每个个体都会选择最适于其繁殖、生存的生态环境。只有获得了最适当的生存密度和利于自己繁殖、生存的生态环境,动物才可能生存,其繁殖也才有可能实现。

第二,动物领域性对于动物的自我保护具有重要的意义。研究表明,当领域性作为动物社会的基本行为方式后,即使受到其他动物的侵犯,领域拥有者也常常能够取胜。

第三,领域性从本质上来说是传递种群数量与资源的信息,对限制动物的数量、保证生存的动物获得合理的繁殖地点以及充足的资源供给具有重要的作用。从这一角度来说,动物领域性对于动物种族的延续具有重要的作用。

第四,动物领域性的存在,可以确保动物种群的生存空间不会过分拥挤。

### (三)动物领域性的功能

动物领域性的功能,具体来说有以下几个。

#### 1. 繁殖功能

动物的领域性与其交配繁殖有着密切的关系。动物只有占有自己的特定场所,才能确保动物种群繁殖的高质量和延续性。以非洲草原上的羚羊来说,雄羚羊在发情周期开始前,会离开自己之前生活的单身族群,聚集在世代相传的展示场上。在这里,所有的雄羚羊会通过战斗来确立自己的主区域和保卫领域。当雄羚羊取胜后,便可以站在自己的领域。如此一来,其便能获得雌羚羊的关注,与雌羚羊交配的次数也大大增加。由于最终取胜的雄羚羊是最为强壮和健康的,因而能够在最大程度上保证种系繁殖的数量和质量。

### 2.保护功能

动物在争夺、维持和防卫领域的过程中,虽然会消耗很多的时间和精力。但是,动物一旦确定了其领域,便能对自己以及种族的发展产生积极的意义,即动物领域性对动物具有重要的保护功能,具体表现在以下几个方面。

第一,动物在明确了自己的领域后,会通过声音、在领域边界关键位置撒尿等方式来告知同类自己的领域界限,从而使同类动物主动远离,避免因发生战斗而受伤。

第二,动物在占有了固定的领域后,对于保护幼仔也有重要的作用。

第三,动物在占有了固定的领域后,能够使自己获得领域内的食物。同时,领域性表明动物对自己领域内的食物具有所有权,其他同类动物不能在自己的领域内寻找食物。如此一来,动物能有效保护其领域内的食物。

### 3.减少冲突功能

有一种现象叫作"优先居住效应",或者说"主体效应",指的是动物在自己占据的领域上有优先于其他个体的支配性。事实上,动物领域性的存在,能够使得误闯他人领域的动物主动撤离"战场",从而减少冲突。

## 二、动物的领域性行为

### (一)动物领域性行为的含义

动物的生存繁衍需要具备一定的客观条件,如比较稳定的营养来源,合适的交配对象,少受干扰的休息、交配、生育和抚养场所等。这些条件对于多数动物并不充裕,要通过竞争才能获得及保持。于是,动物个体或一群同种动物个体以其能力保有一定的范围,排斥其他同种或具有同样需求的动物个体和群体的存在与进入这个范围内包含的资源,在一定时间内一定程度上能够满足保有者生存繁衍的需求。动物的这种获取及保卫这个范围的行为,便是动物的领域性行为。

### (二)动物保护领域性的方式

动物保护领域性的方式,主要有以下两种。

#### 1. 消灭敌害

动物在保护领域性时,消灭敌害是一种十分常见的方式。举例来说,我国江南有一种生存习惯十分独特的螃蟹,其处于某个特殊生长阶段时,会脱掉自己的硬壳。当硬壳脱掉后,螃蟹便无法保护自己,很容易被同类和其他的动物攻击。此时,尚未脱硬壳的螃蟹就需要承担起保护自己种群和自己领域的任务,一旦发现有敌人来犯,就会毫不犹豫地将其消灭。由此可以知道,动物在保护其领域性时,消灭敌害是一种重要的方式。

#### 2. 自我显示

动物在保护其领域性时,自我显示也是一种常用的方式。比如,很多雄性动物通过散播其气味来警告其他动物不得进入自己的范围,这就是通过自我显示在保护自己的领域性。举例来说,北美有一种皮脂腺十分丰富的鹿,其通过分泌不同的气味来显示自己的年龄、性别以及在种群中的作用。此外,其所分泌的气味也有警告、恐吓其他个体的功效。如此一来,其他鹿也会采取一定的方式来"顺应"这种情形。

# 第二节　人类领域性以及人类的领域性行为

## 一、人类领域性

### (一)人类领域性的含义

人类领域性是人的空间需求特性之一,指的是建立在对物理空间的拥有权的知觉上,由一个人或一个群体表现出的一套行为系统,它是个体或群体为满足某种需要而要求占有和控制特定空间范围的一套行为习性。比如,人们希望独门独户,居住区有围墙和大门等。

### (二)人类领域性的层次

关于人类领域性的层次,不同的学者有着不同的观点,这里介绍几种影响较大的观点。

**1.纽曼关于人类领域性层次的划分**

纽曼从预防领域性侵犯和增加安全感出发,将人类的领域划分为公共领域、半公共领域、半私有领域和私有领域四个层次(图6-1),而且这四个领域层次构成了不同程度的防卫空间。

**2.阿尔托曼关于人类领域性层次的划分**

阿尔托曼从领域对个人或群体生活的私密、重要性,以及个人或群体对领域使用时间长短出发,将人类的领域划分为以下几个层次。

(1)主要领域。主要领域是指被个体或群体完全拥有和控制,并受使用者和他人共同确认的领域。也就是说,主要领域只供给某个特定的人或群体使用,而且别人也可以清楚地辨认出这是主要领域。比如,个人的住宅、卧室或办公室等,便是典型的主要领域。

主要领域是个体或群体生活的中心,建立在长期使用的基础之上。此外,法律和社会上认可的主要领域,使用者可以用各种方式甚至武力加以保护。比如,美国的独栋住宅均不设围墙,外人有意或无意闯入住宅的花园或后院,都有可能遭到枪击。

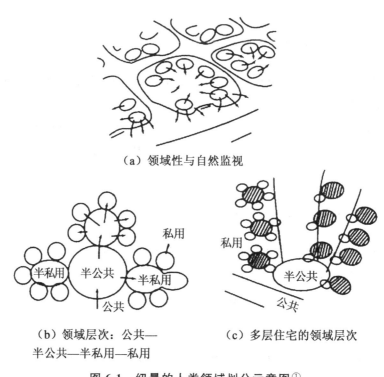

（a）领域性与自然监视

（b）领域层次:公共—
半公共—半私用—私用

（c）多层住宅的领域层次

**图 6-1　纽曼的人类领域划分示意图①**

（2）次要领域。次要领域不是个体或群体生活的中心,不如主要领域那么重要,也没有明确的归属,因而使用者对它的控制力较弱。此外,次要领域可同时拥有公众的可利用性和私人控制,可以作为主要领域和公共领域之间的桥梁。酒吧、餐厅、教室里的座位等,便是典型的次要领域。

（3）公共领域。公共领域是指任何人都可以进入、极为临时

---

① 俞国良,等.环境心理学[M].北京:人民教育出版社,1999:141.

的领域,人一旦离开就对它失去了控制。同时,公共领域不是使用者生活的中心,使用者不会因为他人的占用而采取强硬措施,同时使用者也不会感到自己拥有这个领域。此外,使用者在使用公共领域时,不能违反使用的规定。电话亭、图书馆、购物中心、公共汽车上的座位、公园里的长凳等,便是典型的公共领域。

这里需要特别指出的一点是,如果公共领域由同一个人重复使用,最后它的功能可能会较接近次要领域。比如,在学校中,某个学生可能总是选择教室里的同一个座位。如此一来,这个座位便具有了次要领域的性质。因此,当使用者发现自己的座位被别人使用时,会因自己无法改变这一现实而感到不舒服。即便如此,人们使用的公共领域大多数仍然符合公共领域的特点。

3. 芦原义信关于人类领域性层次的划分

芦原义信从空间的不同用途出发,将人类的领域划分为四个层次,即内部的领域、半内部的领域、外部的领域和半外部的领域(图 6-2)。

4. 亚历山大等人关于人类领域性层次的划分

亚历山大等人从缓解城市共同生活的矛盾出发,将人类的领域划分为六个层次,即公共领域、半公共领域、群体公共领域、群体私有领域、家庭公共领域和家庭私有领域。与这六个领域紧密相连的,是人们的共同生活和活动。

5. 顾凡、赵长城关于人类领域性层次的划分

顾凡、赵长城从空间的表现方式出发,将人类的领域划分为两个层次,即大领域和小领域。

(1)大领域。大领域指人借助于物化的人工环境构件为中介,占有一个可见的边界区域并使之人格化,如大到国界、城市、住宅,小到各家各户的领域、私人房间等。

（2）小领域。小领域指的是个体周围存在着一个不受他人干扰的个体区域,这个区域是不可见的,并始终伴随于人,它的大小受自我意识的支配,这个区域被侵犯会引起撤离或其他的补偿反应。

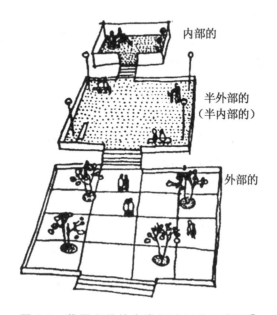

内部的

半外部的
（半内部的）

外部的

图6-2　芦原义信的人类领域划分示意图①

### （三）人类领域性的功能

人类领域性的功能,具体来说有以下几个。

### 1. 保护、调整私密性的功能

个体能够拥有一个可以调节私密性和自由控制支配的地方,对维持身心健康和正常功能是十分重要的。如果个体发现自己没有能力维护自己的领域,就有可能产生压力和其他严重的心理问题。埃迪尼对房主领域性行为的研究表明,有些房主的领域性行为特别强烈,他们设置标记,围上篱笆来保护领域。此外,领域

①　俞国良,等.环境心理学[M].北京:人民教育出版社,1999:141.

性强的人比其他人对门铃的反应快,因为他们对未经允许入侵的人是极为敏感的,以至于他们在听到门铃后会反应很快,并尽快地赶到门口。

### 2.组织功能

各个地方一旦缺乏合理的所有权、占有权和控制权,则人们的互动会陷入一片混乱。因此,人类领域性不同于动物领域性,其主要功能不在于维持生存,更多地在于组织的作用。这里的组织是多方面的,包括组织日常生活,使生活可预测、有条理和更稳定;调整互动及减少冲突,维护社会组织的稳定性,促进社会组织的不断发展。此外,领域还是地位的象征。对群体而言,人类的领域性行为也有一个与动物领域性行为相同的作用,那就是社会组织功能。

### 3.防卫功能

与动物领域一样,人类领域中也存在"优先居住效应"。对于人类领域的这种"优先居住效应",也可以称为防卫功能。比如,在体育比赛上会体现出优先居住效应,也可以称之为"主场优势",即在自己的运动场或国家进行比赛,要比在其他地方比赛发挥得更好,在主场赢的机会更多。又如,居住者与他们作为访问者相比,任务完成得更成功。当居住者与来访者就某一问题发生分歧时,居住者更能主宰谈话。通过上面的论述可以知道,人们在自己的领域内通常会干得较好。

### 4.控制和传递个人认同感的功能

对于个人来说,当领域成为其生活中的一部分时,领域的个人化就充分体现出来了。领域的个人化意味着领域的占有者用特殊的方式把领域空间处理得具有独特性,以肯定自己的身份及在人群中的地位。也就是说,领域的个人化是领域的占有者在自报家门。

通常来说,领域的个人化主要通过设计与安排物质环境体现出来,如对住宅的装饰、对住宅内家具的布置等。此外,领域的个人化可以对其他的行为进行预测。比如,汉森和阿尔托曼的研究指出,大学生房间装饰的数量和种类与大学生是否留在学校的可能性有关;沃纳等人的研究指出户外的装饰可以增进与邻居的接触,并预测房主在邻近地区的社交接触数量。

总之,人类的领域性既能够有效地控制和传递个人认同感,又能够保证领域内的安全。

## 二、人类的领域性行为

人类既是社会物种,又是领域性物种,在自然演化过程中,在自己群体与其他群体之间,在自己与他人之间分别划下了界线。因此,人类的领域性行为是普遍存在的。

### (一)人类领域性行为的生物学基础

人类的领域性行为是以一定的生物学基础为支撑的,其中与人类感觉发展之间的关系最为密切。对人类感官的发展演变历史进行分析可以发现,人类最开始主要是依靠鼻子,后来逐渐演变为依赖眼睛。这是因为,眼睛能够使人类的视野变得开阔,从而能够收集到更多的信息来维持、保护自己的生存。因此,伴随着人类的发展,视觉器官的进化就成为必然。此外,从种系发展来看,低等动物最为倚重的感觉器官是嗅觉,而嗅觉对于人类来说则不如视觉和听觉重要。由于人类的视觉相比听觉来说要更为敏感,因而在人类感官的发展过程中会呈现出从嗅觉向视听觉的发展演变。

既然人类的感官经历了一个发展演变的过程,那么人类的领域性行为是如何与这一发展演变过程相对应的?对于这个问题,学者们进行了一定的研究。研究结果表明,人类领域性行为产生和存在的基础经历了一个从低级生理需要到高级心理需要的转变。其中,人类以低级生理需要为基础形成的领域性行为,主要是建立在生物本能(如生存、繁殖后代等)基础上的行为。与人类的这一领域性行为相联系的,是人的感官发展的最原始水平,即以触觉为主的感官发展阶段。而人类以高级心理需要为基础形成的领域性行为,主要是建立在有机体水平上的生理活动。与人类的这一领域性行为相联系的,是人的感官逐渐从以直接感官为主发展为以距离感官为主。但在此时,视听觉在人的感官中并不居于主导地位。直到人对领域的要求开始具有公共性质,即开始懂得个体之间的空间要求的公共性问题,人类的领域性行为达到较高的阶段,人类的感官才越来越倚重视听器官,以便获得更多的信息,更好地生存与发展。

总之,人类感官的发展深刻影响着人类的领域性行为,即人类的领域性行为是以感官发展作为生物学基础的。

### (二)人类领域性行为的特征

人类领域性行为的特征,最为主要的有以下两个。

#### 1.领域标记

领域标记是人类领域性行为的一个重要特征。人们在日常生活中,面对不同的领域会以不同的方式进行标记,而且人们几乎利用所有手头能利用的东西进行领域标记,但用于领域标记的东西还是以个人所有物最为有效。比如,个人在公共汽车站可能用自己的背包和手提袋占座,在教室可能用自己的作业本占座等,而且往往能够实现占座的效果。

通常情况下,人们利用领域标记物进行领域标记,总是能够得到其他人的尊重。如此一来,就可以帮助人们在公共场所尽可能与他人避免冲突。

#### 2.领域防卫

领域防卫是人类领域性行为的另一个重要特征。人们虽然经常对其公共领域进行标示,但当有人侵入这一领域时,除非当事人在场,否则其他人不会对这一领域进行保护。也就是说,当标记公共领域的主人不在时,附近的人通常不会对侵入的其他人进行防卫。此外,即使入侵者不在现场,原来的所有者也不会再次主张其所有权。

不过,以上情况主要是针对公共领域而言的,若是针对主要领域而言则会出现大不相同的情形。当主要领域(如住宅)被入侵时,多数住宅主人表达出震惊、不可信、混乱和被侮辱的感受。同时,还有不少人将这一行为与强暴相提并论,以此强调主要领域在生活中的重要性。

### (三)人类领域性行为的影响因素

由于人是社会中的个体,其社会性决定了人类的领域性行为不仅仅由本能所支配,还会受到以下几方面因素的影响。

#### 1.个人因素

个体会因其性别、年龄和个性等个人特质的不同而表现出不同的领域性行为。

(1)影响人类领域性行为的性别因素。米切尔森曾对学生做过调查,询问他们的父母亲是否分别占有家庭里的不同区域,85%的学生回答是肯定的,而且丈夫和妻子之间就某个区域主要属于谁往往有一致意见。一般来说,妻子更强调厨房作为自己的领域,而丈夫则强调起居室是自己的主要领域。此外,男性相比女性来说,往往占有更多的领域空间。之所以会出现这样的情况,很大一个原因是男性的职业地位往往要比女性高,因而需要的工作空间也比较大。但在当前,随着社会经济水平的提高,特别是随着妻子收入的增加,以性别来划分领域的情况减少了很多。

(2)影响人类领域性行为的年龄因素。已有证据表明,对领域的依附随着年龄的增长而增强。此外,人们会对固定进行某些活动的地点形成"所有权"的感觉,而且这种领域性的感受会随着人们年龄的增加而增加。

(3)影响人类领域性行为的性别因素。相关研究表明,无论是男性还是女性,凡是较聪明的、生活环境宽松的、理解力较强的、自信心较强的个体往往会为自己划出较大的领域。

## 2. 文化因素

不同的文化群体,其领域行为表现方式也会呈现出较大的差异。此外,领域行为在同类文化的青年群体中表现往往十分明显。对此,坎贝尔等人以英国和美国的青年群体为例进行了相关研究。他们的研究结果表明,美国青年群体相比英国青年群体来说,会表现出更多的领域行为。

## 3. 情境因素

相关研究表明,个体的领域行为会受到其所处情境的影响,即随着情境的改变,特定个体的领域行为会变得更多、更少或类型有所差异。

通常来说,影响个体领域行为的情境因素有物质情境和社会情境之分。其中,物质情境中的一些可防卫空间的设计,如将公共领域与私人领域隔开的实际的或象征性的栅栏,以及能使领域主人观察其空间中的可疑活动的机会,都将增强居民的安全感和减少该领域的犯罪。社会情境因素包括合法所有权、社会风气和竞争资源。合法所有权可以增加拥有者的领域行为;而在良好的社会风气中,个体遇到的社会领域控制问题较少,并觉得对领域空间负有更大的责任;竞争资源是指当人们因为资源而与其他人竞争时会产生更多的领域行为,人们会通过给领域作标记、将领域个人化、要求领域和保护领域等行为以保证自己所拥有的资源。

# 第三节　个人空间的使用与侵犯

个人空间就是当互相作用时,个体试图保持围绕身体周围看不见的空间范围。对于个人来说,保证个人空间的有效使用,防止个人空间被侵犯是两个十分重要的方面。

## 一、个人空间的使用

个人空间的使用是空间行为的一个十分重要的方面,它反映了人在使用空间时的心理需要和人使用空间的固有方式。此外,在个人空间的使用过程中,要特别注意以下几个方面。

### (一)要注意个人空间使用的生物性

个人空间的使用首先表现为人的领域性,而领域性是人类重要遗传行为中的一种。一些社会生物学家认为,社会进化的原始动力可以分为两个范畴,即系统发育惯性和生态学压力。所谓系统发育惯性,实质上和物理学中的惯性相差不大,只是系统发育惯性是由群体的基本性质构成的,这些性质决定着进化的变化范围和速度。系统发育惯性表明了在人类进化进程中,部分遗传因素的相对稳定性和连续性。而生态学压力则构成自然选择,自然选择决定着物种进化的方向。系统发育惯性大,就意味着对进化变化的阻抗作用大;惯性小,则说明进化的变化性相对较高。在许多系统发育惯性中,主要有两类不同的行为范畴。惯性较小的行为范畴为统治、领域性、求偶行为、筑巢等;惯性大的行为范畴为复杂的学习、摄食反应、亲代关怀等。惯性较小的行为范畴由于其相对变化的可能性的增大,因而在进化过程中,可能会出现两种情况:一是行为内容大量增加和变化;二是行为大部分被抛弃,或是丧失整个行为范畴。领域性是在遗传和进化中被保留下来的,整个生物界的大多数种群都表现出一定程度的领域特性。人是从动物进化而来的,因而从某种意义上说,人的领域性具有最原始的生物特征。也就是说,人类领域性具有生物性的一面。一般而言,人类领域性具体表现在三种层次结构之中:一是基层结构是行为性的,它建立在人的生物本性的基础上;二是前文化结构是生理性的,它体现在人的有机体水平上;三是微文化结构即内部文化层次具有很丰富的内涵,微文化层次的领域性模式层次较高,常常体现在心理水平上。

与人类领域性的三种层次结构相对应,人类的感官也呈现出相应的发展演化。具体来看,在第一层次结构中,人的行为与人的感官发展的最原始水平相联系,也就是说,以触觉为主的感官发展阶段是与人的生物性相联系的,这时人对领域的要求主要是为了满足生存和繁殖后代的需要。到了前文化层次,人的感官发展开始从直接感官为主向距离感官为主的方向转变,但此时视觉仍不占主导地位,这时,人对领域的要求开始具有公共性质,即开始在个体占据一定空间或在空间使用时考虑到公共性的需求。到了微文化层次阶段,人们的感官所获取的信息完全以距离感官中的视听器官为主,因而体现在人类领域性方面是心理水平的层次,人们寻求的领域范围可能不是实际存在的地理区域,而是心理的空间。

总之,人的生物性在个人空间使用中发挥着不同程度的作用,即个人空间使用深受人的生物性的影响。

**(二)要注意个人空间使用的文化性**

人类创造文化,反过来文化会影响人类的行为,成为制约人类行为的因素。个人空间及其使用亦如此,即个人空间的使用存在着文化背景的差异。此外,人的行为与空间体验分不开,生活在不同文化环境中的人,事实上就是生活在不同的感觉世界里,使用的是不同的感觉模式,在个人空间的使用上也是如此。因此,在不同的文化环境中使用个人空间时,必须要注意适应模式的形成。人的适应模式的形成是一个长期的获得过程,具体为:人的知觉在不同层次上同时接受文化的浸润,从非知觉到知觉之间形成一个接受文化浸润的心理系统,文化的浸润作用具体表现为已有的文化背景不断地干扰和改变着人们的行为,当这种干扰和改变不顺利时,就会发生冲突,主体就要对自己的适应模式进行调整,以适应已有的文化模式,这样不断地经过适应—不适应—新的适应过程,最后达到对该文化模式的获得。如此一来,人们在不同的文化环境下使用个人空间时,便不容易与他人产生冲突。

**(三)要注意个人空间使用的社会性**

社会化是人类在形成任何规范行为时都必须经历的一个阶段,个人空间使用方式的定型也是如此。因此,在个人空间的使用过程中要充分考虑到社会性,具体涉及以下几方面的内容。

1. 个人空间使用要遵循社会控制等级次序理论

社会控制等级次序理论是由著名社会学家帕森斯提出的,他认为社会系统具有四个子系统,即文化、社会、人格、有机体,每个系统都有相应的功能,分别是维护、整合、获得、适应(表 6-1)。

表 6-1　帕森斯关于社会化的控制等级次序表[1]

| 总体功能 | 系统层次 | 系统层次的相互作用 |
|---|---|---|
| 维护 | 文化层次 | 信息控制 |
| 整合 | 社会层次 | |
| 获取 | 人格层次 | |
| 适应 | 有机体层次 | 条件能量 |

帕森斯通过研究还进一步指出,四个子系统之间具有一定的

① 俞国良,等.环境心理学[M].北京:人民教育出版社,1999:253.

关系,形成一种信息控制等级次序结构。高等级的系统制约、调节低等级的系统,低等级中的每个系统都在为更高一级系统的行为提供必不可少的能量条件。帕森斯认为社会化过程都是通过不同等级的控制完成的。我们认为用此理论解释理想人际空间距离的获得是完全可行的,这也在一定程度上说明了个人空间使用方式的行为基础。该理论认为西方人理想人际空间距离之所以存在差异,原因在于文化价值系统制约着社会层次、人格层次、有机体层次,因而在对个人空间进行使用时,方式也会有所差异。

**2.个人空间使用要注意理想的人际空间距离**

理想人际空间距离感的产生是个体习得的结果,这种习得过程表现在认知水平上,由评估结果来选择出控制内部变化的机制,以达到自我平衡。

依据埃文斯和哈沃德关于理想人际空间距离习得模式(图6-3)的研究,理想人际空间距离的习得过程要经过以下几个阶段。

(1)初始阶段。在这一阶段,个体与他人发生相互作用时,有许多因素影响人对环境的知觉,如主体身体状况(即真实的人际空间距离)、个性差异(如喜爱交往或喜爱独处)、情境状态(如彼此相互吸引还是相互排斥)等。这些信息的总和进入大脑,经过认知和评估,判断是否处于最佳范围的知觉状态,这一阶段还伴有内部生理变化。

(2)第一阶段。在经历了初始阶段的全过程后,便进入了第一阶段。在这一阶段,如果主体是处于最佳环境范围内的知觉时,则内部便产生平衡感,如果是处于非最佳环境范围内的知觉时,则内部产生不平衡感,表现为刺激过度或达不到刺激阈限,这时丘脑把这种简单评估传到大脑,产生不愉快的情绪体验,即感到过分拥挤或过分孤独,此时会引起生理上的唤醒、压力、对抗过载机制产生。唤醒机制表示由于客体过分接近主体,以致诱发主体处于激活状态,引起身体警觉,唤醒主体处于紧张状态。压力机制表示主体处于非适宜的人际距离时,主体内部产生某种压力,使生理状态处于非平衡。过载机制是指当个人空间不适宜时,主体操作相对减少,表示刺激过量,立即诱发了对抗反应,以在可能的高反应水平中减少过量的刺激。对抗反应有一个信息输入优先原则,也就是说当刺激过量时,之所以诱发对抗反应,目的在于重要的刺激能够优先参与,忽视一些不重要的刺激。总之,不适宜的个人空间距离可以诱发出上述反应机制中的任何一种,至此第一阶段结束。

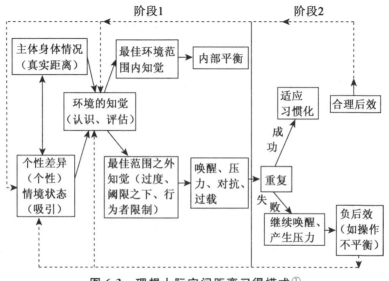

图6-3　理想人际空间距离习得模式①

　　(3)第二阶段。在经历了第一阶段的全过程后,便进入了第二阶段。在这一阶段,非适宜人际空间距离所诱发的反应一结束,主体即进行重复性行为,这种重复也称作复制,意为回到初始状态重新开始反应。不过需要强调的是,这种复制并非原行为的重复,而是经过大脑再次认知、评估之后的重复行为。这时若重复成功,立即诱发出一种适应或习惯化,产生合理后效或不明显后效,主体内部感到平衡;当重复失败时,立即诱发出一种负后

①　俞国良,等.环境心理学[M].北京:人民教育出版社,1999:254.

效,如不喜欢别人、行为减少等,以致最终无法形成理想的人际空间距离感。

需要注意的是,个体理想人际空间距离感的习得是一个循环进行的过程,即要随时依据新的情况进行调整。

3.个人空间使用要把握好符合度

人对个人空间的要求,在一定程度上来说是主观感受的结果。由于主观感受和实际满足之间存在差异,所以人对个人空间的要求自然而然就会出现符合度问题。

这里所说的符合度,实际上指的是实际达到的空间私密性与理想的空间私密性之比。对此,可用公式"K=RP/IP"来表示。这里的 RP 代表实际达到的空间私密程度,IP 代表理想的空间私密程度。当 RP=IP 时,K=1 表示最佳空间需求的满足;当 RP≠IP 时,则 RP 与 IP 成反比。其中 RP>IP 时,则 K>1,表示超过最佳需求空间,表现为社交方面的交往不足,私密性过强,公共性不足,处于社交孤独状态。当 RP<IP 时,则 K<1,表示低于最佳需求空间,表现为私密性不足,公共性过强,即社交方面出现拥挤感。

关于个人空间使用的符合度问题,很多学者都进行了研究。其中,影响较大的有阿尔托曼的研究。他提出的关于私密性满足状态图进一步说明人对个人空间需求的符合度问题(图 6-4)。

## 二、个人空间的侵犯

### (一)个人空间被侵犯的结果

每个个体都需要拥有一定的个人空间,当其个人空间被侵犯时,会产生不愉快、压力等结果。有人以阅览室中的女生为被试者,选择其中的一些作为对照组(不加打扰),然后让助试者坐到另一些女生旁边,并挪动椅子尽量与之靠近,但不发生身体接触。

半小时后,被侵犯者中有 70% 离开了座位,而对照组中只有 13% 的人离开。然而,如果助试者与被侵犯者之间有桌子或空椅隔开,几乎不会发生逃离行为。由此可以知道,人们对于自己的个人空间被侵犯都会感到十分敏感。

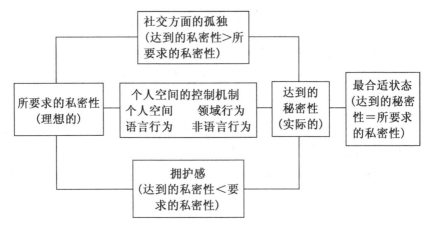

图 6-4　私密性满足状态图①

不过,在某些时候,人们对于自己的个人空间被侵犯则不会过多注意。比如,为了防止有人插队或穿越,等候检票或付款的排队者会主动缩小自身的个人空间,像多米诺骨牌一样一个紧挨一个,因为排队者属于利益相关的同一群体。

**（二）个人空间被侵犯的反应**

**1.被侵犯者的反应**

当人感到自己的个人空间被侵犯时,首先会用身体语言做出防卫姿态,如改变脸部朝向,收肩缩肘,手托下巴,调节椅子角度,用书籍等将自己与来犯者隔开。如果无效,被侵犯者就可能选择远离侵犯者。

据相关研究表明,当个人空间被侵犯时,被侵犯者的反应会

---

①　俞国良,等.环境心理学[M].北京:人民教育出版社,1999:257.

受到入侵者的年龄、性别、社会地位等的影响。对群体而言,男性入侵者比女性入侵者会引起更多的动作反应。而且,当个人空间被侵犯时,男性所受到的干扰比女性更大。为了解入侵者年龄的影响,研究者在剧院中让儿童站在成人后面 15 cm 以内,结果发现,5 岁儿童讨人喜欢;8 岁儿童人们并不介意;10 岁儿童则令人不安和焦虑。此外,如果入侵者衣冠楚楚,才气外露,阅览室中的受侵犯者会逃得更快,这说明被侵犯者的逃离反应也会受到入侵者身份地位的影响。

### 2.侵犯者的反应

个体在入侵他人的个人空间时,若是自己的个人空间也同时受到别人的侵犯,则侵犯者自身也会觉得不自在。比如,在教学楼饮水机前 1.5 m 以内有人(助试者)时,学生就不愿在这里饮水。但是,如果饮水机安装在有墙遮挡的凹空间内,即使附近有人,也不影响学生在这里饮水。然而在拥挤的情景中,饮水行为几乎不受影响。因为这时人们更关心等候(饮水)时间的长短,而对社会线索和个人空间受到侵犯不太在意。

### (三)个人空间被侵犯的效应

个人空间被侵犯的效应,有积极与消极之分。

### 1.个人空间被侵犯的积极效应

当个人空间被侵犯时,是有可能引发积极效应的。比如,一个亲密朋友侵犯了你的个人空间,拍拍你的肩膀,或者恋人温柔地拥抱你,此时你并不会感觉被侵犯,而是会积极地响应对方,并获得一种积极的体验。又如,在节目演出时,用一条醒目的红地毯从台上一直铺到观众席中,演员们沿着红地毯可以走到观众席中与观众致意。这样的安排能够使节目演出形成一种亲切、和谐的气氛,从而使演出获得良好的效果。这也是侵犯个人空间引起积极效应的典型一例。

2.个人空间被侵犯的消极效应

当个人空间被侵犯时,也有可能引发消极的效应。具体来说,当个人空间被侵犯时,被侵犯者很可能会产生不愉快,这便是个人空间被侵犯的消极效应。

事实上,当个人空间被侵犯时,除了被侵犯者,侵害者也可能产生不愉快的感受。也就是说,侵犯他人的空间可能就像自己的空间被他人侵犯一样是消极的。因此,人们在日常生活中,总是尽量设法避免侵犯他人的个人空间。

# 第四节　个人空间的成因、功能及其影响因素

## 一、个人空间的成因

关于个人空间的成因,总体上来说有以下几个。

### (一)个人空间是人类进化的结果

有学者在对啮齿类和其他灵长类动物进行研究时,发现它们也存在类似的"个体空间"现象。这表明,个人空间具有遗传倾向,与长期进化有关。

动物在世上生存,主要采用的是种群的形式;而人类的祖先在世上生存,主要依赖的是部落的形式,但早期部落内的个体数量不多。据此,进化论者推测,种群或部落成员之间相互比较熟悉,接触频繁,所带的病原体类似,在进化过程中形成了类似的免疫系统。因此,陌生的客体或同类个体出现会使种群或部落成员心生警惕。因为陌生同类个体可能带有完全不同的病原体——虽然人类祖先没有病原体的概念,但实践证明,陌生客体如色彩鲜艳的蘑菇和爬虫之类很可能有毒或有害;陌生的同类

个体可能会给自身和群体带来肉眼难以觉察的危险、疾病甚至瘟疫。更何况,后者还可能是敌对部落派来的心怀叵测的奸细。因此,与陌生的同类个体保持一定的空间距离对于确保自身和所在部落的健康与安全是十分重要的。对于这一现象,后世发生的史实也给予了证明。比如,欧洲殖民者把自己早已适应的病菌带到美洲,结果导致从未接触过这类病菌的印第安部族几近灭绝。

### (二)个人空间是人类对"恶心源"做出的情绪和行为反应

在现实生活中,无论陌生人还是熟人都有可能表现出令人厌恶甚至恶心的生理或行为特征。推而广之,诸如口吐蛔虫、尝便问疾、喝汤见蝇、便池佐餐、在呕吐物中寻找钥匙等,都会令人恶心。对此,术语称之为"物质恶心源",而由此产生的情绪和行为反应则称为"恶心源反应"。

虽然说陌生人和熟人都可能成为恶心源的载体,但人们在面对这两类恶心源载体时,所呈现出来的反应却是完全不同的。对此,最为典型的一个例子便是在面对有屎的尿布时,与自己的宝宝相比,妈妈对别人宝宝的尿布更为厌恶。也就是说,与熟人相比,当陌生人作为行为主体与"恶心源"搭配在一起时,会更加令人恶心,回避速度也更快。

据此,研究者推测,人对"恶心源"做出的情绪和行为反应也是个人空间得以产生的一个重要原因。

### (三)个人空间是人类大脑发育的结果

个人空间既是进化的结果,也是人类对"恶心源"做出的情绪和行为反应。那么,个人空间与人类大脑的发育有没有关系呢?对此,研究者进行了一定的研究。

研究者让被试者观看电脑生成的人脸、小轿车和球体图像,并让图像在屏幕上前后移动,或是接近被试者,或是远离被试者,当过分接近到一定距离时便会引起被试者的不适,即构成对个人空间的侵犯。结果发现：大脑的核磁共振成像显示，与人脸远离相比，当人脸接近被试者时，大脑的"背侧顶内沟"和"腹侧前运动皮层"之间会产生更为强烈的互动效应（即"耦合效应"），而小轿车和球体不会产生类似的效应。

研究者通过研究还发现，被试者个人空间的实测大小，与上述两个大脑区域之间的互动效应呈现为显著的负相关。也就是说，个人空间越大，这两个区域之间的互动效应越小；个人空间越小，这两个区域之间的互动效应越大。这表明，相同物种对个人空间的侵犯与大脑神经系统存在确切的关联。

通过上面的论述可以知道，人类大脑的发育也是促进个人空间形成的一个重要原因。

## 二、个人空间的功能

### （一）自我保护功能

个人空间的一个重要功能，就是控制他人的侵犯，保护自己不受物理刺激威胁或情绪威胁，从而使自己减少压力。也就是说，个人空间有助于实现自我保护。当处于过分亲密、刺激量超负荷状态时，个体可以利用个人空间作为自我保护机制，提高私密性和防止过载的刺激，以维持心理上所需要的最小空间范围。此外，当个人空间越大时，个体就越有充分的时间准备逃离物理刺激所引起的威胁情境，或者减轻由此带来的情绪紊乱和行为问题。

对于个人空间具有的自我保护功能，很多学者都通过自己的研究予以了证实。比如，埃文斯和哈沃德通过研究指出，个人空间的发展是为了控制攻击性和降低压力。这个结论被许多研究所证实。研究表明，当人们被骚扰或接收到有关其表现的负面反馈后，如对方对其冷淡、不喜欢或无动于衷，通常会保持较大的互动距离。人们在有威胁的情境中也可能会保持较大的互动距离，以保护自己或避免引起他人的攻击。埃德尼等人认为，个人空间可以使人们确保控制社会情境的能力。施特鲁布和沃纳进一步证实，控制需求较高和面临他人控制威胁的人拥有较大的个人空间。研究还表明，在社会情境中焦虑程度高或自尊心较低的个体也会保持较大的互动距离。对监狱的研究发现，有暴力行为前科的人比其他人拥有更大的个人空间，囚犯的个人空间比其他普通人（如大学生）更大。

总之，维持一定的个人空间是个体实施自我保护的一种重要手段。当个体处于他人的潜在威胁下（如私密性不充分、过分亲密、心理刺激超限等），会采用个人空间作为保护机制（如提高私密性程度，防止过分亲密，抵抗刺激过载），以保证心理平衡，这也是个体有效地适应环境的重要方式。

### （二）非语言交流功能

在个人空间的功能中，非语言交流功能也是十分重要的一个。霍尔将个人空间看作一种非语言交流形式，据此可以认为，个人空间的大小是由周围环境刺激的质和量决定的，而交往双方的距离也反映了他们的关系和亲密程度，以及个体间行为的态度，并且决定了双方从事活动的类型。

### （三）调整功能

维持最佳的刺激水准，是人们行为方式的一个重要目的。这种刺激对个体来说不高不低，刚好适中。因此，个人空间的另一个重要功能便是要帮助个人调节所获得的感觉信息量，使个体能对刺激做出有效的反应。

对于个人空间具有的调整功能，也有很多学者通过自己的研究予以了证实。比如，内斯比特和史蒂文的研究。他们选择了美国加州的一个游乐场，并征得一位金发女郎作为实验中的"刺激"，让她站在路旁准备搭便车，实验人员隐蔽在摄影棚内进行现场拍摄。在一种情形下，她穿着颜色鲜艳的时髦衣服，而且喷洒了许多香水;在另一种情形下,她的穿着较为保守而且不喷香水。结果发现,在两种情形下其他排队搭便车的人会站在距离强烈刺激较远的地方。后来,研究者改用男性作为刺激,也得到相同的结果。这说明,改变个人空间的大小可以调整来自环境中的感觉刺激量。

阿尔托曼对于个人空间的调整功能也进行了研究。他认为,个人空间是个体或群体实现理想水平的私密性的边界调整机制,通过变化个人空间的大小进行的边界调整,可以使个体或群体维持独处状态,满足个体和他人交往时需要保持的空间范围。个体可以根据所获得的感觉信息量调整边界范围,当这一愿望无法获得满足时,私密性水平低于期望值,负面的结果和反应就会出现,消极影响就会产生。而消除消极影响的方式,就是根据需要调整个人空间。对此,研究者进行了一个社会距离最适当的非私人性交往实验,让实验者站在与被试不同距离的位置上,这实际上是使被试拥有不同的个人空间。结果,被试认为当实验者站在与被试距离 156 cm 左右的地方时,自己会感到最舒服,对实验者评价较积极,较多地记得实验者说的内容。不恰当的近距离会导致对方的躲闪性的身体活动,并减少目光接触。由于更为友好的、亲密的人际交往发生在较小的距离内,因而可以从人们之间的距离来推断彼此的感情。这一点适用于两个女性之间的交往,也适用于两个异性之间的交往,但在两个男性之间,喜欢的增加并不导致两者距离的缩短。所以,个人空间的调整功能也是有局限性的。

### (四)亲密程度平衡功能

阿盖尔和迪安提出了亲密-平衡模型,后来艾洛将其改进为舒适模型。这两个理论的核心观点是,在很多人际互动过程中,个人都想维持一个最佳亲密距离。如果个体间的亲密水平太高,平衡作用就会发挥它的功能,个体采取各种补偿行为,如把身体移远一些、调整眼睛的注视和脸的方向;如果个体认为亲密水平不够高,平衡作用会促使个体缩短个人空间距离,如更多的眼神接触等。个人空间的这一功能,能使个体之间的互动处在最佳水平。

### (五)沟通功能

个人空间的沟通功能,指的是个人空间作为非言语行为系统中重要的成分之一,可以用来传递和调整人际互动中的沟通。当人们选择不同的人际距离时,就会表达出不同程度的亲密感,显示出不同程度的自我保护意识,传递出彼此之间关系性质的信息。他人传递出的人体感觉信息,如气味、身体接触、眼神接触和言语信息等,都决定了互动中的个人空间距离。在这里,以人们在拥挤电梯中的行为表现来加以说明。当电梯显得拥挤时,人们必须站得更靠近,有时还会有所接触。一般来说,这种接近的情况会增加关联性,而且也提高亲密程度。然而,电梯中的大多数人都是不希望有亲密互动的陌生人,所以他们会调整非言语行为以消除因接近带来的后果。在此种情形下,每个人都会面向前方,眼睛盯着电梯上的楼层数字,尽量避免眼神接触。他们的姿势僵硬,而且尽可能避免碰触,形成了不成文的空间规范。假如违反这个空间规范,便会使他人产生不愉快的感受。

此外,在沟通过程中较近的距离既会增强积极的反应,也会增加消极的反应。对此,也有学者通过实验予以了证实。他们要求两个女学生为一组的一些被试(每组中有一人是实验助手)共同解决问题,两人的距离为 60 cm 和 150 cm。解决问题后,助手的态度或者是中性的,即不对被试做出评价;或者是积极的,即表扬被试解决问题时的策略是聪明的;或者是消极的,即批评被试解决问题时的策略是愚蠢的。不言而喻,持积极态度的助手最受被试喜欢,持消极态度的助手最不受被试喜欢。但是,令人感兴趣的是,在近距离(60 cm)的情况下,这两种反应(最喜欢和最不喜欢)都要比远距离(150 cm)情况下的反应更为强烈,具有显著的差异。这表明,个人空间不同,人们获得的沟通效果也会有所差异。

## 三、个人空间的影响因素

许多因素都会对个人空间产生影响,其中影响较大的因素有以下几个。

### (一)个人因素

在个人空间的影响因素中,个人因素是十分重要的一个。具体来看,影响个人空间的个人因素主要有以下几个。

#### 1.年龄

到目前为止,有很多研究者对不同年龄个体的个人空间进行了研究,但最后得到的结论并不一致。因此,目前仍不清楚儿童究竟何时开始形成个人空间。但较为确信的是,个人空间是个体在45~63个月大时逐步发展起来的,而且儿童的个人空间需求随着年龄递增稳定地增加。

艾洛和海都通过研究发现:在5岁以前,儿童的个人空间模式发展并不稳定,与成人的个人空间模式不同;6岁以后,随着年龄的增长,儿童的个人空间要求稳定地增加;到青春期以后,儿童基本上形成了大小与成人相似的个人空间。也就是说,儿童越小,在相互接触的各种情境中偏爱的人际距离越小。但到了青春期时,这种情形便会出现变化,即开始需要与成人相似的个人空间。这一发展模式的变化并不是某一特殊文化状态下的现象,它具有跨文化的一致性。因此,我国学者在这方面的研究也获得了相似的结果。比如,顾凡通过对180名大、中、小学生人际空间距离需求的实验研究,发现11岁小学生所需的人际距离为139.4 cm,16岁中学生所需的人际距离为147 cm,与21岁大学生所需的人际距离接近。这说明了16岁是形成自我意识和步入成人行列的重要时期。

但是,也有研究发现,个人空间和年龄之间的比例并不是一直单调地发展的。比如,有一项现场调查(被试年龄从 19 岁到 75 岁)的结果显示,年龄与人际距离的关系是曲线型的,即年轻人和老年人之间的人际距离较小。不过对于年长者可能使用较小的个人距离这一点,许多研究显示目前尚缺乏这方面的实证研究,因而还需要在这方面进行深入的研究。

### 2.性别

在影响个人空间的个人因素中,性别也是十分重要的一个。但是,由于性别与其他个人因素及情境因素之间都有交互作用,所以仅根据性别来考察个人空间时要格外谨慎。

个体空间行为在性别上的差异是显而易见的,这从日常生活经验中就可以发现。女性以较近距离接触所喜欢的人,而且这种近距离的接触使她们觉得更加舒适;而男性的空间行为不随喜欢与否而改变,即男性与自己喜欢的人(不论同性还是异性)都不会靠得太近,否则会让他们觉得难为情。与喜欢与否无关时,与男性相比,女性之间的人际距离更近,这说明女性具有合群的社会倾向;而男性更注意与同性保持非亲密状态,以免引起他人误会。

不过,并不是在一切情境下都如此,当受到同性威胁时,女性会要求更大的空间。此外,异性间交往的空间距离要看交往双方的关系,关系亲密的异性,其空间距离比亲密的同性小。也有研究结果显示,异性之间交往所需要的个人空间不仅与同性不同,而且女性与男性接触时所需的个人空间往往要大于男性与女性接触时所需的个人空间。比如,杨治良等人的研究发现女性在面对男性时,需要 134 cm 的个人空间才会觉得舒服,而男性接触女性时则只需要 88 cm 的个人空间。

还需要注意的一点是,男性和女性对个人空间受侵的反应存在差异。费希尔和伯恩选择在图书馆里学习的大学生为研究对象,他们发现女性对侧面的空间受侵感到困扰,而男性对正面的侵入感到更不安。因此,男性更可能防卫前面的空间,而女性更可能防卫两侧的空间,并会采取一些姿态,如眼睑朝下,双手交叉于胸前。毫无疑问,这和男性喜欢面对面就座而女性偏好并排就座的方式有关。此外,男性和女性的个人空间受到侵犯时,其非语言行为也存在着明显的差别。为了验证这个假设,许多研究者研究了电梯中空间的侵入反应,如进入已有人在内的电梯中,即被迫侵入他人的个人空间。布坎南等人在三个系列性的实验研究中发现,女性比较喜欢站在注视她们的女性的附近,但会避开凝视她们的男性。相反,男性则希望侵入者不要注视他们。其他研究也表明,当女性不得已而必须侵入他人的空间时,她们会选择那些注视她们或微笑的人,而男性假装毫无觉察。

总之,性别也是影响个人空间的一个重要因素,个人的空间行为需依据接触对象的性别而进行一定的调整。

### 3.人格

除了年龄和性别,人格也是影响个人空间的一个重要个人因素。人格是个人的各种心理特点(如性格、气质、能力等)的总和,它代表了一个人看待世界的方式,并反映了其学习和生活经历。此外,人格特征决定了一个人的世界观,它也反映在个人的空间行为上。

内外控理论认为,不同的人对事件有不同的归因倾向,内控的个体与外控的个体对个人空间的需求不一样,内控者认为成败掌握在自己手中,而外控者认为成败受外因的控制。杜克和诺维奇通过研究发现,外控者比内控者期望与陌生人维持更大的距离,即外控者通常会要求有更大的个人空间。与过去经验导致某人认为事件由外部控制相比,如果过去经验导致个体认为事件由自己控制,那么他与陌生人以近距离相处时会感受到更多的安全感。此外还有研究发现,有暴力倾向的个体对个人空间的要求更大;性格内向的个体所需个人空间比外向的个体大;焦虑的个体会维持更多的个人空间;高自尊的个体需要的个人空间较小;高合群的个体偏好较近的空间距离;强依赖性的人喜欢维持更近的距离。

此外,人格的相似性会使个体在一定程度上缩小个人空间,即人格相似的个体其人际距离更近。可以说,这反映了人类"同类相随"的行为倾向。

### 4.情绪

由于个人空间从情绪和身体两方面对个人起着保护作用,因而它也因个人情绪而异。相关研究表明,与一般人相比,感到社会情境对自己存在威胁,或易于焦虑的人往往需要更大的个人空间。

### 5.依恋类型

这里所说的依恋,并非"场所依恋",而是指与生俱来的"生理和心理依恋"。众所周知,婴儿喜欢"妈妈抱抱"和抚摸;也喜欢"爸爸抱抱",但会用小手推开爸爸带有胡子茬的下巴;如果被陌生人突然抱起,立刻就会扭动退缩或号啕大哭示警。及至成年,人依然保留这一习性。也就是说,成年人依然保持着依恋的生理与心理。

成年人的依恋,总体来说可以分为三类,即安全型、犹豫型和逃避型。与逃避型相比,安全型的成人偏爱较小的人际距离,对"个人空间受到侵犯"会比较宽容,负面情绪反应较少。而犹豫型则居于两者之间,摇摆不定。逃避型和犹豫型的成人会寻求适合自身的情绪反应距离与极端接近距离。

总之,成人的依恋类型会对其个人空间产生重要的影响,并影响着其对实际人际距离的管控和调节。

### 6.受教育程度

个体的受教育程度也会对其个人空间行为产生重要的影响。

我国学者顾凡通过研究发现,不同文化水平的人对空间距离的需求是不同的。一般来说,文化水平高的人比文化水平低的人需要更多的个人空间。

### (二)情境因素

这里所说的情境因素,即在人际交往过程中的物理与社会的状态,其也是影响个人空间大小的一个重要因素,具体包括以下几方面的内容。

### 1. 物理情境

物理空间的特征或结构会对个人空间产生重要的影响,具体表现在以下几个方面。

第一,个体对空间的利用情况反映了他们对安全的需要程度。当前情境利于逃离威胁时,人们所需的个人空间较小;反之,当所面临的情境不利于逃离威胁时,人们则需要较大的个人空间。此外,坐着的人比站着的人需要更大的个人空间。

第二,个体在室内比在室外需要更大的空间。之所以会出现这样的情况,或许是由于个体在室外对空间的控制感相对较小,可归纳为个人私有空间的范围也相对较小,因此导致对个人空间的需求缩小。而且,在室外个体往往比较容易脱离威胁。

第三,个体在房间中的位置决定了个人空间的大小。位于房屋角落的人比位于房屋中间的人往往需要更大的个人空间。

第四,建筑的特征会影响个人空间。比如,萨维纳通过研究发现,与顶棚较高的房间相比,男性被试者在顶棚较低的房间中需要更大的个人空间。鲍姆通过研究发现,隔墙的使用减少了空间侵入感,在学生宿舍的走廊中间建一面隔墙会减少拥挤所带来的个人空间被侵入的不适感,通常人们所获得的这些安全感是生理上的。而扩大办公室和其他拥挤的公共场所中的个人空间,会令人产生舒适感,这时人们更多的是获得了一种心理上的安全感。

总之,不论是哪种物理情境,其主要目的都是为了满足安全的需要。当情境中的因素能够满足个体安全感时,个体所需要的个人空间就相对较小。

2.相互作用的类型

相互作用的类型对个人空间的影响,具体表现在以下几个方面。

第一,当个体之间的相互作用表现为讨厌、不喜欢等负面情绪时,个体间的人际距离较大,即他们需要保持较大的个人空间;当表现为喜欢、愉快等积极情绪时,则人际距离较小。

第二,当处于交互作用情境中的两个人是合作状态,则两个个体喜欢并排就座;如果是竞争状态,则喜欢面对面就座。

第三,当个体处于不同的社会地位时,其需要的个人空间也会有所差异。相关研究表明,在人际交往中,地位比较高的人总是比其他人拥有更大的个人空间。

3.相互吸引力

相关研究表明,人际吸引力总是与物理距离有关,邻近会引起吸引,同样,熟悉、相似性和互补性等也会引起人际吸引,因而彼此站得近一些相互吸引力会更强。也就是说,人际距离的大小与相互吸引之间呈正相关。对于女性而言,当相互间的吸引力增加时,人际距离缩短。此外,相处的异性间在互动中随着身体距离的拉近,其相互吸引力会增强。

不过,如果交往双方同为男性时,则相互吸引并不会使两者间的人际距离缩小。

(三)文化因素

霍尔通过进行跨文化调查,发现文化不同,个体的空间行为也会有较大的差异。比如,美国人认为空间是完全可以共享的,因而人与人之间的界限并不十分强烈,但他们又认为听到别人的谈话是可耻的,因而听不到别人的声音便成为美国人默认的无形空间界限;德国人有着十分强烈的界限意识,并将属于自己的个人空间视为自尊的一种延伸,因而未经允许进入他人区域便是对个人空间的侵犯,等等。霍尔把这种文化差异归因于不同的社会规范,这些社会规范规定了在人际交往中采用何种感官渠道比较合适。霍尔把不同文化差异总体分为两类——接触文化和非接触文化。地中海、阿拉伯、西班牙等地区和国家属于接触文化,他们在社会交往中习惯和人靠得很近,甚至有一些亲密的肢体接触;而英国、美国、德国等国家则属于非接触文化,他们在交往中习惯保持较大的距离。

由于文化会影响个人空间,因而当来自不同文化的交往双方有着完全不同的个人空间规范时,交往过程中会出现无意的尴尬状况。比如,一个德国人和一个美国人谈话时,德国人把房门关上,以保护自己的"隐私区域"和表示郑重其事之意;而美国人则把门打开,认为空间可以共享,而把门关上有种神秘的气氛。这样,他们之间的谈话不断在关门和开门之间进行,始终找不到一个合适的谈话空间。

霍尔通过研究还进一步指出,个人空间的不同不仅适用于不同的文明,也适用于不同的亚文化。在霍尔之后,又有很多研究者对不同文明和不同亚文化之间个人空间的特点进行研究。例如,在伊朗的一项研究中,研究者通过对伊朗处于两种不同亚文化下的群体(库尔德女性和北部的女性)的个人空间距离进行研究,发现二者在面对男性时都要比面对女性需要更大的人际距离,而库尔德女性所需要的个人空间比起北部女性要更大,且库尔德女性在面对外地女性时也会要求较大的个人距离。此外,库尔德女性在站立或行走时要比北部女性要求更大的个人空间。

# 第五节　领域性与个人空间在环境设计中的应用

## 一、领域性在环境设计中的应用

领域性在环境设计中的应用，主要表现在以下几个方面。

### （一）领域性要求在进行环境设计时要形成清晰的领域边界

在进行环境设计时，如不能形成清晰的领域边界，则人们在面对这一领域时很容易产生陌生感，继而无法在那里待下去。比如，医院中病人能够拥有一个可自由支配的空间，有利于其身体的康复；在别墅中通常设计了会客的客厅和供家庭内部人员使用的起居室，不希望外人进入私人领域，而且两者的装饰风格通常会不一样，客厅相对正式一些，而起居室则相对随意一些；在开敞办公空间中，座位成组成团的布置、写字台的隔板等都体现了领域性的特点。

### （二）领域性要求在进行环境设计时要形成较强的领域性

在进行环境设计时，要形成较强的领域性，可具体从以下几方面着手。

第一，在进行环境设计时，领域性的强弱可以通过对场所要素的改变来实现。比如，在平地型的圣马可广场、凹型的法国协和广场、凸型的卡比多罗马市政广场和坡型的罗马西班牙广场中，无疑圣马可广场与周边空间的接触更容易，也更方便进入，领域感则更弱一些。

第二，在进行环境设计时，领域性的强弱可以通过领域边界要素来实现。比如，北京的紫禁城用墙来划分领域，圣彼得广场用列柱来划分，北京天坛通过高差来划分，毛利家族墓地通过灯笼群来分隔等。在这几种类型中,无疑以紫禁城的领域性最强,私密性最强,给人的感觉是封闭、压抑;而天坛则是领域性相对较弱的,给人的感觉是开敞、通透。

第三,在进行环境设计时,领域性的强弱可以通过一些小的细节来体现。比如,湖南大学的北楼、中楼、复临舍和工业设计系四栋建筑围合而成一个宽敞的院子,加上回廊、乔灌木等要素对空间进行再次分隔,其尺度与场所感控制得很好。院子中央是一块抬高的平台,平台上面经常有学生聊天、休息等。东南面的平台下面由于有平台高差和灌木的围合,比较私密,这是看书学习的地方;而中央平台的空地则是供学生平时举行活动的,比如"英语角"。通过边界、场所等要素的改变,不同环境要素形成了不同领域,也适合不同心理状态的学生,使他们各得其所。不过中央平台过大,人站在中心缺乏凝聚力,或许通过雕塑或标志再分隔一下可能好一些。平台北面的几个跌落平台由于高差比较大导致人的可达性太差,容易使人产生畏惧感,难以形成领域,导致无人问津。所以在室外环境设计中要以人为本,切实考虑各要素的改变对人的行为心理所产生的影响,切实地考虑各种问题和矛盾,营造宜人的空间场所。

### (三)领域性要求在进行环境设计时要注意设计可防卫空间

纽曼通过研究发现,在进行环境设计时,可防卫空间的设计有助于居民对领域进行控制,这对提升居民生活、保障家庭安全、减少犯罪案件、降低居民的恐惧感等具有重要的作用。

对于居住区而言,领域性的重要意义主要体现在可以增进邻里之间的交往,形成可防卫空间,因为居民之间的熟悉和交往多半是在住宅的户外空间中实现的。交往需要停留,人们是否愿意停留则取决于有没有适宜的场所。场所的形成是有条件的,空间的领域性便是其中的一个主要因素。国内外实践表明,为保持不同领域各自的属性,保证居住区的安全和居住区内居民的安全感,有效的办法是将居住区空间按领域性质分出层次,形成一种由外向内、由表及里、由动到静、由公共性质向私有性质渐进的空间序列。也就是说，必须要有明确的领域界限，以便于居民能更好地相互了解，加强对外人的警觉和对公共空间的集体责任感，这对于防止破坏和犯罪具有重要的作用。

总之，领域性要求在进行环境设计时，必须注重可防卫空间的设计。

## 二、个人空间在环境设计中的应用

个人空间在环境设计中的应用，主要表现在以下几个方面。

### （一）个人空间要求在进行环境设计时要做好座位布置

在进行环境设计时，依据个人空间要求做好座位布置是十分重要的，具体可从以下几方面着手。

#### 1.要选择适宜的座位布置方式

适宜的座位布置方式，对于满足个体的个人空间要求具有重要的作用。一般来说，小亭子中的座位布置方式要有利于长时间交谈或讲故事，术语称为"社会向心空间"；火车站候车室的座位多采用行列式成排布置，公园中也常环绕大树设置环形座椅，使就座者很难长时间进行交谈，术语称为"社会离心空间"。当两个离心式空间相距较近时，便会在其间形成向心空间。此外，人毕竟具有生态知觉，因此会巧妙地利用"环境提供"，转变就座方式，将"社会离心空间"转化为"社会向心空间"。

#### 2.要明确座位的尊卑

在人际交往中，个人的身份地位往往会影响到其就座的位置。比如，中国人在聚餐时，常会为了"谁坐主座"而相互反复谦让。因此，在进行座位布置时，形成明确的座位尊卑也是十分重要的。

需要注意的一点是,座位布置会因国家以及文化的不同而有所差异。比如,英国议会最早在天主教堂中开会,于是,后续的会场设计深受教堂布局的影响:座位安排井井有条,四围高而中间低,类似于小型体育看台,这种盆地式布局带有一定的正规性和神圣性。法国议会最早在剧场中开会,代表或议员坐在观众席上,发言者则站在舞台上,至今议会仍保留这一传统。

### (二)个人空间要求在进行环境设计时要做好坐具布置

在进行环境设计时,依据个人空间要求做好坐具布置也是十分重要的。比如,在城市外部空间中,为了保持个人空间,逗留者一般喜欢坐在转角、端部、边缘等处;而长时间占用者偏爱坐在长椅的中间。因此,带有凹凸转角的坐具,如 L 形座椅、曲尺形坐墙、L 形花池特别吸引人就座。

在进行坐具布置时,为了达到理想的效果,要充分考虑到人际距离。比如,在公园和绿地等处,用于交谈的设施就应符合个人距离远距离(0.75~1.2 m)至社会距离近距离(1.2~2.1 m)的要求,而公共距离近距离则可作为"冷静旁观"时的最小间距。在外部空间中,有凹有凸、有圆有方的组合式坐具特别有利于群体休息或交往;如能在大树下用坐具和桌子围合成空间,还可用于召开小组会或进行自由讨论,这在大学校园中是十分常见的;可以利用较缓的草坡、低矮的条石、下垂的粗藤、浓密的树荫等,以符合公共距离的要求为人提供可就座的小生态环境,等等。

### (三)个人空间要求在进行环境设计时要做好景观和街道设计

在进行环境设计时,依据个人空间要求做好景观和街道设计也是十分重要的。具体来说,就是在进行景观和街道设计时要充分考虑到人际距离。比如,日本建筑师芦原义信把建筑物之间的距离与人际距离作了类比,认为建筑物之间的距离(D)与建筑高度(H)之比 D:H>1 时产生远离感;D:H<1 时产生接近感;当 D:H>4 时,建筑物之间的影响很小,基本上可以不加考虑。

　　在设计观赏雕像、独立式小品、古树名木、标志式建筑时，观赏距离与被看对象的高度之比也可参照人际距离的比值：要看清对象及其环境时，比值宜大于或等于 4；只要看清对象本身，比值接近 2；要看清细部，就需要走得更近；要造成高山仰止的膜拜效果，还可迫使人先抑后扬，不得不近距离抬头仰视高大的对象，如蓟县独乐寺观音阁中的千手观音佛像。同理，为了产生繁华和热闹的气氛，商业步行街的临街建筑必须相互呼应，行人之间，行人与商店之间也必须涉及相互视觉和听觉；街面宽度与临街建筑的高度以接近为好，比值至少不应大于 2，过大则与车水马龙的交通干道无异。

# 第七章 密度与拥挤感研究

　　密度是客观的物理状态,而拥挤是主观的、能产生消极情感的心理状态。环境心理学对密度和拥挤进行研究,主要是想从心理学的角度弄清楚人产生拥挤感的原因是什么,拥挤对人有什么影响,以及如何预防和消除拥挤感。本章就主要对这些内容进行一定的论述。

## 第一节 密度与拥挤的界定及相关理论

### 一、密度与拥挤的界定

#### (一)密度

　　对于"密度"这一概念,不同的学者有不同的解释。例如,有人认为,密度是指一种涉及空间限制的物理状态和在给定空间中对人口数的数学测量;有人则强调,密度是指一种涉及个人现有物理空间数量的表达方式。密度可被划分为社会密度、空间密度两种类型。前者可通过改变固定空间中的人数来操纵,后者则可通过在保持人数不变的情况下改变现有空间来操纵,重点强调某特定环境中人均拥有空间的大小。不管如何,密度基本上被划入物理学范畴,一般解释为个体与面积的比值。

　　密度有不同的计算方法,如每一房间里的人数、住宅中的人数、社区里的人数,甚至是城市里的人数,这些密度是不一样的。

密度的不同计算方式常常导致不同的研究结论,这也是早先的拥挤研究出现混乱结果的原因。一般说来,最重要的密度应该是那些最能反映人们社会交往密切程度的密度计算。所以,每个房间中的人数远比城市中的人数重要得多,一些工作也说明每个房间中的人数与社会病之间的关系最密切,如死亡率、出生率和少年犯罪率等。

在环境心理学中,研究者们对密度的分类主要有两种:一种是根据室内外把密度分为内部密度和外部密度;另一种是根据关注空间还是人数把密度分为空间密度和社会密度。

1. 内部密度与外部密度

内部密度,是指个体与环境内部空间的面积比值,即室内密度,如电梯内人数的多少就是内部密度。外部密度是指个体与建筑外部空间面积的比值,即户外密度,如在节假日广场上的人数就是外部密度。以人口稠密的上海为例,根据统计得来的市区人口密度很高,但有的一个人或许就拥有一套四卧室的住房。在农村,室外密度可能很低而室内密度可能较高;在大城市里,这两个密度可能都很高。近年来,国家兴建了大量的城市居民住宅,实际上降低了室内密度,但室外密度可能在不断提高。总的来说,内部密度对人们的社会心理和社会行为有着更为直接和明显的影响。

2. 社会密度与空间密度

在对密度进行研究时,研究者采用了不同的改变密度的方法。个体数量不变而改变其所在物质空间的大小,就产生了空间密度;与空间密度相对应,物质空间不变而改变其所容纳的个体数目,就产生了社会密度。这两种改变密度的方法在数学上的计算结果是相同的,但所导致的情境变化对个体的情感和行为的影响却并不相同。二者不可互换,高社会密度带来的主要问题是生活受到太多其他人的影响,而高空间密度带来的主要问题是个体的生存空间太小。调整哪种密度的效果更好,主要由研究的实际情境决定。

### (二)拥挤

在环境心理学中,拥挤和密度是同时出现的概念。拥挤不是一个物理量,而是心理学上的状态,即对空间太小而周围人数又太多的感受。在研究拥挤的过程中,环境心理学家们发现,拥挤其实是密度、其他情境因素和某些个体特征的相互影响,通过个体的知觉认知机制和生理机制,使个体产生一个有压力的状态。这种压力可以更具体地定义为生理过程和心理过程的结果,如失去控制、刺激过量和行为限制等。这些拥挤过程会导致一系列反应,如应付、习得的无能、不友好的行为和生理上的变化等。

拥挤其实是一个复杂的过程,在此过程中密度扮演着重要角色,密度可能直接导致拥挤,导致一系列心理上的压力和生理上的变化,如血压升高和唤醒度提高等。虽然密度是构成拥挤感受的必要条件,但并不意味着高密度必然导致拥挤。例如,参加一个同学聚会,虽然当时密度很高,但你却没有人太多或是拥挤的感觉。相反在同样的密度条件下,你和陌生人在一起,你或许就会有拥挤的感觉。显然,情境因素、个人的某些特征等也是影响拥挤的重要因素。

根据拥挤的时限,拥挤可以分为情境性拥挤和常态化拥挤。情境性拥挤是暂时的,很快会得到缓解或者解除,如交通拥挤、旅游拥挤、排队拥挤、饭堂拥挤、医院拥挤、电梯拥挤等。在小学和中学也会出现情境性拥挤,如在早操后回班级时,学生们会一窝蜂似的挤在一起。常态化拥挤是长期的,如宿舍拥挤、住房拥挤等。在高校扩招之后,有的大学宿舍紧张,18 m² 左右的宿舍住 8 个人,明显感觉拥挤。近年来,随着高校的调整及投入的加大,很多高校都执行 4 人一间宿舍的标准,拥挤感明显减少。

绝大多数早期研究将拥挤等同于高密度,只注重考察拥挤的客观层面(如密度、个人空间),却忽略了主观拥挤相对而言所具有的多元性、复杂性。虽然一些研究者采用将简单任务作为因变量进行的早期研究并未发现高密度会影响任务完成,但是在增加任务复杂性、信息加工水平或人员互动程度之后,高密度不但会损害认知任务的成绩,而且会导致个体各种负面的生理和心理影响。

## 二、密度与拥挤的相关理论

关于密度和拥挤的理论研究,就目前来看仍处在初期阶段,还需要不断加深和继续探讨。因此,还没有出现一个令人完全满意的、让所有心理学家都能接受的理论。然而,不得不说,有一些理论与密度和拥挤的关联性是非常强的,以下就对这些相关理论进行一定的阐释。

### (一)刺激超负荷理论

这一理论是由鲍姆等人提出的。他们强调过量的刺激和环境信息会对人们的认知能力造成影响,即高密度环境提供给个体知觉的信息量超过了一定刺激水平、最佳唤醒水平和人类有限的信息加工容量,就会使其注意力处于超负荷状态并令其经历感官超载,最终导致压力和唤醒。其他后续的影响包括判断失误、挫折容忍性降低、利他行为减少、注意力减少、适应性反应能力降低等。对于刺激过量,可以采取以下措施进行应对:离开高密度环境;忽略其他人的存在;忽略次要刺激;回避他人视线和无关紧要的社会交往等。这一理论较为具体,在关注信息加工能力限制的同时,可对刺激过多所造成的社会影响、行为影响做出预测。

### (二)密度—强化理论

1975年,弗里德曼提出了密度—强化理论。这一理论认为,高密度环境对人类的影响并不总是消极的。从本质上而言,密度本身对人类既无好的影响,也无坏的作用,它只不过是加强了个体对那种环境背景的反应程度。例如,当一个人在一种愉快的情境下,其他人可能会使这种愉快的情境更加愉快,如观看一场激动人心的足球比赛;而在一些不愉快的情境下,如排队买一张你特别想看的电影票,节日前急着在商店关门前去买需要的东西等,如果此时比较拥挤,那么就会增加你的不愉快情感。

弗里德曼把"拥挤"的影响形象地比喻为一个立体音响上的音量键。当邻居家里在播放一首你特别喜爱的乐曲时,无论音量多大,你都不会产生反感;而当邻居家里播放你不喜欢听的音乐时,哪怕音量不大,只要你听到,你就会有不悦感。许多学者支持弗里德曼这一观点,并表明密度既可强化人们愉快的情绪,也可强化人们不愉快的情绪。

### (三)唤醒理论

唤醒就是通过大脑唤醒网状结构引发的大脑活动的增强。大脑可能处于不同的唤醒水平,可以表现为连续变化的过程,一端为困倦或睡眠状态,另一端为高度觉醒的兴奋状态。唤醒是评估环境的一个重要维度。在密度与拥挤的相关研究中,唤醒理论通常有两个层面的观点。第一个层面强调高密度和个人空间侵犯会增加生理、心理唤醒,主要表现为生理上的自主活动增加和自我报告的主观唤醒水平提高。唤醒水平则影响任务的完成和社会的行为。一般情况下,唤醒水平与任务绩效之间保持着倒 U 形曲线关系。第二层面关注高唤醒水平的归因问题。沃切尔等人认为,个人空间的侵犯可以引起高唤醒水平。如果个体把逐渐增强的身心唤醒归于背景下的其他人,就会产生拥挤感。事实上,人们常常把被其他因素激发起的不愉快情感归咎于拥挤。如果人们认识到由于其他因素而激发身心的唤醒,就很少有拥挤感。

### (四)控制理论

控制理论认为,个体可按照自己的选择来决定和采取行动。

个人的控制属于认知控制。在一些情境下,个体感知信息并能充分理解,所以能控制已发生的情况。作为一种与拥挤相关的理论,控制理论认为,个体之所以产生拥挤感,主要是因为高密度减小了个体对情感的控制。

早期的拥挤理论如干扰理论提出,由于太多人的存在,阻碍了人们直接的目标活动,引起挫折感;行为限制理论提出,由于有太多的其他人存在,所以我们才能意识到要限制自己的行为。环境心理学家认为,这些理论提出了预测和控制环境的重要思想。之后的一些研究也表明,高密度拥挤不仅干扰目标的完成,而且当周围的人是陌生人时,环境就会变得难以预测,甚至无法控制。因此,知觉到而又无法控制,经常是在拥挤情境下产生的负效应。1984年,蒙塔诺等人发现人们经常把行为的限制和目标障碍作为拥挤体验的最基本内容。其他研究也发现,增强个体自我控制情感的能力可以较大地减弱拥挤感。

还有一点必须认识到,认知控制在拥挤体验中发挥着重要作用。环境心理学家曾在纽约市一个超级市场内进行了一项实验。实验给出了两种情境:高密度和低密度。实验者首先发给被试每人一张所需杂货日用品的清单,要求他们去选择清单中所列出的物品,而且是最经济实惠的产品。实验结果表明,那些事先被告知有关拥挤影响信息的被试和未被告知任何信息的被试的实验结果是不同的。在高密度情境下,那些事先被告知有关拥挤信息的被试在任务的完成和情绪的反应方面都优于未被告知者。这说明对高密度的认知以及相应控制环境的能力可以使拥挤感得到大大的减弱。

### (五)拥挤整合理论

到目前为止,对于密度和拥挤的研究已经有了一些,也出现了上述的一些相关理论。然而,这些理论还是没有形成一个完整的解释机制。所以,人们在研究拥挤的过程中常常感到无所适从,仍然面对很大的研究压力。大量拥挤理论使读者感到迷惑的原因在于理论之间不仅解释的机制不同,其他各方面也有差异。例如,焦点各有所异:有的强调使人们将情境视为拥挤的物理环境特征,有的以拥挤感受产生时的心路历程为中心,有的则主要专注于拥挤的结果。在复杂度、分析层次、假设前提以及可验性方面,众多理论也是各有不同。因此,很有必要对一系列分散的拥挤理论进行进一步整合,从而充分体现拥挤内部机制的完整形态。

为此,在1977年针对拥挤进行的国际座谈会上,拥挤理论的分散性和注重方面的多元性受到了与会人士的充分重视,在初步明确各类拥挤理论的用途和侧重点的基础上,会议通过专家讨论的方式对各类拥挤理论进行了初步整合。基于这次的会议成果,有研究者首次提出了当时最为全面而系统的包括各种主要拥挤理论的框架。这一框架就是拥挤的整合理论模型(图7-1)。

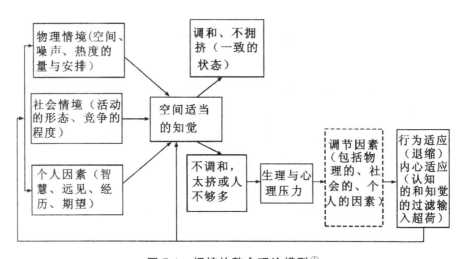

图 7-1　拥挤的整合理论模型①

拥挤的整合理论模型涉及拥挤产生的情境前提(物理情境、社会情境)、心路历程及拥挤影响三大完整拥挤内部机制层面。

在拥挤的整合理论模型基础上,贝尔等人又进一步提出了

---

① 张媛.环境心理学[M].西安:陕西师范大学出版社,2015:216.

一个更为完整的拥挤理论模型,即"折中的环境—行为模型"(图7-2)。

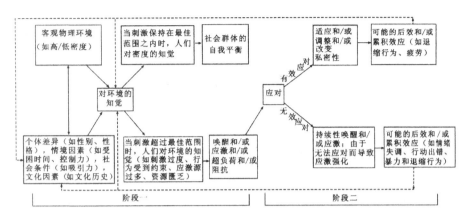

图 7-2　高密度对行为影响的概念化的折中环境—行为模型①

在这一模型中,拥挤的机制被分为两个阶段:阶段一是对环境的知觉,阶段二是应对,应对分为有效应对和无效应对。

# 第二节　高密度与拥挤对动物和人类的影响

高密度与拥挤对动植物的生长和发展都会产生一定的影响。环境心理学家在研究的过程中,主要以普通动物和人为对象。总的来说,高密度与拥挤对动物的影响主要表现在生理和行为方面,对人类的影响主要表现在健康、心理和行为方面。

## 一、高密度与拥挤对动物的影响

心理学家在 20 世纪六七十年代初的时候,就花费一定精力研究了高密度对动物的影响,主要研究对象是老鼠。研究者发

① [美]保罗·贝尔,等.环境心理学[M].5 版.朱建军,吴建平,等译.北京:中国人民大学出版社,2009:310.

现,高密度与拥挤会对动物的生理和行为产生一定的影响。

## (一)高密度与拥挤对动物的生理影响

相关研究表明,动物如果长期生活在高密度环境中,其生理多多少少会受到一定的负面影响。例如,有些动物会出现荷尔蒙分泌失常的现象,并且高密度环境还可能在一定程度上破坏动物的免疫系统。不仅如此,动物的血压也会在高密度环境中上升。

其他一些研究也表明,高社会密度和高空间密度将会导致动物内分泌失调。就高密度对内分泌功能所造成的一种严重后果来说,主要是削弱生育能力。研究发现,在高密度的条件下,老鼠的繁殖力会大幅度下降,生殖器官的大小和活动也会受到负面影响。公鼠在高密度环境下产生的精子数量要比在低密度下产生的精子数量少,高密度环境中母鼠的发情期要比低密度环境中母鼠的发情期来得迟一些。此外,怀孕的鼠类如果处在拥挤中,幼鼠的出生率较低,且幼鼠的情绪和性行为也会受到干扰,在拥挤环境中成长的幼鼠往往不容易长大,体型相对较小。

还有学者发现,过高的动物种群密度引起的长期刺激和压力增加使得肾上腺的荷尔蒙持续分泌,肾上腺增大,进而导致生理崩溃和死亡。美国东部大西洋海岸的马里兰州一个孤岛上的鹿群就出现过类似的现象。当鹿群繁殖到"人口过剩"的极点时,死亡率就会攀升。通过尸体解剖,人们发现这些动物的肾上腺有明显增大。

## (二)高密度与拥挤对动物的行为影响

在高密度与拥挤对动物的影响研究中,研究者们发现:当密度较高时,动物界正常的社会秩序可能被打乱,继而影响动物的性行为、攻击行为、母性行为和退缩行为等。约翰·卡尔霍恩可以说是这一领域的先驱者。他在自己的著作中形象地描述了高密度是如何影响非人类动物的,他在 20 世纪 70 年代对挪威老鼠进行的实验是拥挤研究史上的里程碑。在这一实验中,老鼠被关在由 4 个相邻围栏构成的"观察室"中（图 7-3），并提供充足的食物及其他生活必需品，让它们生殖繁衍，直到数量过剩。

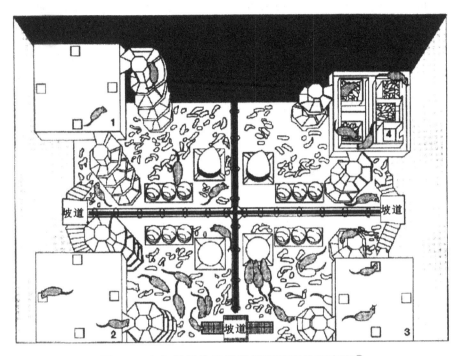

**图 7-3　卡尔霍恩关于鼠类拥挤研究的观察室**[①]

在观察室中个体数目的过度增加，对其中的所有"成员"都会产生负面影响，但这种影响在高密度围栏 2 和围栏 3 中却尤为严重。在 2 号和 3 号围栏中存在两个出入口，所以公鼠不可能建立支配权并防止其他鼠群的入侵，这会导致极度拥挤和正常行为的完全崩溃。卡尔霍恩把这种现象称为行为消沉（behavioral sink），并认为当一定面积内动物的数量超过该种动物能维持正常社会组织的能力时，动物群体自身就会发生不平衡，从而导致行为消沉现象。

这一实验发现，在高密度的生活空间内，80％～90％的幼鼠

---

①　John B. Calhoun. *Population density and social pathology*［J］. in Scientific American. Vol. 206. No. 2，1962. p. 139.

在断奶前便已夭折。而母鼠行为已经彻底变态,停止筑巢,完全忘记了自己要照顾幼鼠的职责,其母性行为受到严重干扰。发情期的母鼠被成群的公鼠疯狂地追逐,以致无法抵挡进攻,大批母鼠在怀孕或分娩期间死亡。公鼠出现三种变态行为:第一种是公鼠呈现出双性恋状态;第二种是公鼠呈现出极度社会退缩状态,完全忽略其他公鼠及母鼠;第三种是公鼠行为异常活跃、性欲极强、凶残无比甚至嗜食同类。很显然,高密度大大增加了老鼠的战斗和攻击行为。

## 二、高密度与拥挤对人类的影响

高密度和拥挤对动物会产生诸多负面影响,同样,对人类也会产生诸多负面影响。高密度与拥挤主要对人的生理和健康、工作绩效、社会交流和孩子的成长等方面有着重要影响。城市生活里的高密度现在已经被越来越多的人看成是一种压力。

### (一)高密度与拥挤对人类生理健康的影响

高密度对人类生理活动的影响是比较明显的。许多实验证明当人们感到拥挤时会导致生理上的激发。例如,埃文斯等人在1979年的一个研究中让十个人挤在一个小房间里待上三个半小时,结果发现被试脉搏加快,血压升高。通常人们在拥挤状态下,会感到紧张、烦躁,兴奋水平也较高。艾洛等人在1979年所做的研究中也发现在高密度状态下,被试皮肤的传导性增加并容易出汗。

高密度有很多生理上的影响,但它真的会导致健康问题吗?答案是肯定的。由于高密度与拥挤会导致个体更多、更长时间的消极情感和更高的生理唤醒,因而高密度与拥挤会影响人们的身体健康,引发某些疾病。

麦凯恩等人在对监狱的调查研究中发现,高密度的环境会严重影响犯人的健康。当监狱中的犯人增加,而犯人的居住面积增加得很少时,犯人的死亡率、患高血压和精神病的概率都较高。研究还表明,住在单人牢房和低密度空间的犯人自我控制意识更强。有研究者通过观察调研医院急诊部的情况发现,越是拥挤,病人们住院的时间越长,花费越大。在大学生宿舍里,研究人员也发现,生活在高密度下的学生,其健康和情绪状态都很差。居住在套房式宿舍的学生比居住在走廊式的有较少的拥挤感。住套房式宿舍的学生显得更亲密、更有凝聚力。在家庭中,拥挤的住房会损害家庭成员的健康。尤其是儿童,容易受不良居住环境的影响,因为他们在家里需要足够的空间做作业、与家庭成员互动、形成同一性、实践技能和睡觉。拥挤家庭的消极影响会持续终生,会影响到孩子未来的社会经济地位和成年时的健康状况。

据上述一些研究可推测,人口密度与社会病态之间有一定程度的相关。

### (二)高密度与拥挤对人类心理的影响

拥挤是由密度、其他情境因素和某些个人特征相互作用,通过人的知觉—认知机制和生理机制,使人产生压力的一种状态。所以,高密度与拥挤对人类心理的影响也是人们很关注的一个问题。

国外一些研究者在研究中界定了城市空间密度和心理健康等关键词,认为幸福感的程度是一种临时密度的积极和消极结果,他们的实验研究还发现,高密度或者拥挤与不健康总是紧密连接,所以建筑和环境专家在设计作品时应该努力去平衡密度和健康。

拥挤不仅与人口密度关联,而且是"心理密度"的产物。当一个人体验到拥挤时,他同时也体验到拥挤的压力。拥挤的体验往往是令人厌恶的,让人感到难受,使人心情低落、紧张、抑郁、焦虑。很多研究发现高密度会导致个体消极的情感状态。例如,马歇尔用实验室法研究了拥挤对人的短期影响,实验的自变量为:空间(包括大小两个水平)、人数(包括多少两个水平)、性别(包括实验组由同性别被试组成,男女被试各一半)。实验要求被试一起解决各种问题。结果表明,在同性别组中,女性更喜欢人数少的实验组;在混合组中,女性更喜欢大实验组;而男性更喜欢混合性别组,不在意组的大小。在同性别组中,女性喜欢小空间,更偏爱混合性别组,而不管房间的大小;男性被试也更喜欢混合性别组,但偏爱大空间。

研究表明,拥挤对男性和女性所产生的消极情感不同,在高密度空间,男性体验到的消极情感比女性更强。这可能是因为男性比女性需要更大的个人空间,而女性在社会交往中有更高的合群动机,所以在近距离内有更大的亲和力,而男性的竞争动机更强,所以和他人距离过近会产生威胁感。研究还表明,在高密度环境下,女性的合作性比男性高。从这一点来看,高密度与拥挤所产生的并非完全是消极影响,其还有一定的积极作用。比如,当人们感到快乐时,多一些人在场可以使快乐的程度加强;而在竞技场上,周围拥挤人群的欢呼声可能更让人感到兴奋。

当然,高密度与拥挤对人类心理的负面影响还是最显著的。交通拥挤对人情绪的影响就很大。交通拥挤往往使人们不能采取有效的措施保护自己的周围空间不被入侵,所以它会导致人们很多的负性情感,如焦虑、烦躁和郁闷等。有研究者发现,地铁车厢内乘客的密度与其旅途满意度呈显著负相关,乘车时间对拥挤感有显著影响。当车厢内很拥挤时,车厢内不好的气味和受限的站立空间使过于亲密的乘客感觉最不愉快。相对于男生,女生会受到更大程度的影响。在交通运行方面,如果堵车,会影响人们到达目的地的时间,继而会让人体验到更强的焦虑。研究发现,血压与路程和时间有明显相关。同时,个体长期的和较长距离的奔波使其能更加有效地应付应激,并且有更高的成就动机。

### (三)高密度与拥挤对人类行为的影响

高密度与拥挤会影响人们的心理感受、情绪,进而影响人们的行为,使人们出现攻击、退缩、利他等行为。

1.高密度与拥挤对攻击行为的影响

攻击行为是人类社会的一种普遍现象,不论人们如何努力,攻击行为总是存在的,它们或表现为大的恐怖事件、战争,或表现为小的事件,如人与人之间的争吵。有研究发现,高密度与拥挤会导致儿童的攻击行为,但不是必然的。空间密度过高或过低,儿童的攻击性行为一般是减少的,只有在一定拥挤的情况下,男性的攻击行为会增加。在拥挤的状态下,儿童的攻击行为之所以增强,可能与资源缺乏有关。比如,玩具的数量不够分给每一个儿童,那么儿童的攻击性比每人都能得到一个玩具的情况要强。也有研究显示,随着年龄的增加,拥挤对人类攻击行为的影响会发生变化。因为儿童的攻击性行为很少受到社会规范、习俗的限制,可以直接表现出来,而成人就不同了。所以拥挤对成人的影响不是很大。从性别上来说,高密度与拥挤更容易导致男性产生攻击行为。

拥挤引起的攻击行为在交通方面也很明显。交通拥挤对司机和乘客的心理健康和生命安全有很大的影响。有研究者调查了司机的应激状况,总的表现为负性情感、认知和行为,攻击性强、焦虑、厌倦驾驶,以及与他人交往时常常过度反应。当然,应激的体验依赖于年龄、驾驶经验、健康条件、睡眠质量、对驾驶的态度及评价。

综上所述,高密度与拥挤确实会影响人的攻击性行为,但是人们攻击性行为的发生与拥挤并没有直接关系,而是取决于拥挤时人们的情绪体验、人格特点、社会情境等因素。比如,当有足够的玩具分给儿童时,即使是在高密度环境中,儿童也不会发生攻击行为。

2.高密度与拥挤对退缩行为的影响

鲍姆和瓦林斯的研究发现,高密度与拥挤会影响人们的社会退缩行为。也就是说,当遭遇高密度与拥挤时,人们就会采取一种应激措施,即社会退缩行为。这种行为包括减少目光接触、把头扭向一边或者保持较远的人际距离等。退缩行为在儿童身上最常见。在儿童的游戏活动中会发现,高密度条件导致儿童的互动行为、言语交流减少,并表现出更多的退缩行为。高密度与拥挤导致的退缩行为可能会阻碍人们赖以解决生活中消极事件的社会支持。

3.高密度与拥挤对利他行为的影响

利他行为也称为亲社会行为,是一个人不要求社会和他人任何回报的助人行为。环境是影响利他行为的一个重要因素。一般来说,在高密度与拥挤的环境下,人们的利他行为会减少。在高密度的公共场所,利他行为减少可能是由于对自身安全的担心,也可能是因为责任分散造成的,每个人都以为其他人会伸出援助之手,所以自己就袖手旁观了。

在大学生宿舍里,高、中、低三种空间密度条件对大学生的利他行为的影响是不同的。实验者故意在宿舍遗落一封准备寄出的信,信已经有邮票和地址,看被试会不会帮助把信寄出。结果表明,在高密度条件下,有58%的人把信寄出;在中等密度条件下有79%的人这样做;在低密度条件下帮助把信寄出的人数最多,占88%。[①] 在自助餐厅里,如果处于高峰时期,人们用餐完毕后也是很少自觉将餐具放回指定区。

(四)高密度与拥挤对人类工作绩效的影响

高密度与拥挤对工作绩效有影响,但不是必然的影响。研究者埃文斯要求被试在实验室完成几项作业,这些作业包括一些基本的信息加工和做决定等认知过程。每一个作业都有简单和复杂两种版本。埃文斯还为这些作业设计了两种空间密度,一种是每人 $1\ m^2$,另一种是每人 $6m^2$。实验结果发现,高密度影响了复

---

① 苏彦捷.环境心理学[M].北京:高等教育出版社,2016:247.

杂作业的绩效,但对简单作业则没有影响。

其实,高密度对工作绩效的影响还取决于情境中人们相互作用的程度,它包括人们是否相互沟通交流,为了完成作业是否要来回走动等。如果是肯定的,那么高密度空间就很可能影响人的工作绩效。有一个研究就专门检测了人们之间的相互作用与工作绩效的关系。在实验中,实验者让被试完成一个简单的办公室作业,即在装订前按页码整理稿件。实验者为被试安排了两种条件:一是打字稿散乱在房间四周,二是打字稿整齐地堆在一起。在第一个条件下,实验者允许被试之间相互讲话或四处走动。结果发现,当被试之间相互讲话以及来回走动时,高密度环境下的工作绩效明显要比低密度环境下的差;被试之间不讲话以及在环境中不走动时,则高密度环境对工作绩效没有什么影响。

### (五)高密度与拥挤对人际交往的影响

人是社会性动物,人与人之间的交往是非常重要也非常必要的。在环境心理学的研究中,人们发现高密度环境会对人与人之间的相互交流产生不良影响。

在高密度环境下,人际吸引一般会降低。鲍姆等人研究发现,如果只是预期将会经历拥挤,也会降低人际吸引。实验前,研究者告诉被试将有 10 个人或者 4 个人与被试在一个房间。结果表明,在前一种情况下,人际吸引较低。沃切尔等人对短期拥挤的研究发现,相比高密度环境,在低密度环境下,男性对组内其他成员更友好一些。在大学生宿舍中也会发现这一点。一个能住两人的宿舍,如果居住人数变为三倍,那么和居住两人相比,舍友间相互的满意度和人际吸引降低,也不乐意积极合作。

一般来说,屈服于高密度环境中的人们常常回避社会交往。例如,在拥挤的火车上,乘客们更愿意以阅读报纸来打发时光。在拥挤的电梯里,即使很熟的人也很少谈话而保持安静。这类回避社交有很多方式,如离开这个场合,选择一些较公共的话题来谈论,采取防守型的姿势(如转身、回避别人视线或是增大交际距离等）。

关于人们在拥挤状态下对社交回避的情况,20世纪70年代的时候,就有国外研究者针对大学公寓进行了相关研究。当时的大学公寓,建筑师主要采用两种方式设计:一种是走道式,一种是套间式。走道式设计中,每一间公寓通常没有独用的休息室和卫生间,这些公共房间一般安排在走道的两端或是在楼梯边上。套间式设计常常是几个人合用一套起居室和卫生间,所以这些设施是半公共的。这两种设计的一个重要区别在于走道式设计中会有更多的大学生使用起居室和卫生间,也就是说在走道式设计中公共区域里的社会密度比较高。研究者分别对住在较拥挤的走道式公寓里的大学生和住在六人一套带起居室和卫生间的成套公寓里的大学生进行了调查研究。他们发现,住在较拥挤的走道式公寓里的大学生不仅表现出更多的压力和不满,而且他们更多的时间是在卧室里自己度过,不愿意和舍友有过多交往,且尽可能地回避交往。而住在成套公寓里的学生则倾向于在公寓内建立友谊。此外,当在门厅休息室坐着的时候,走道式公寓里的大学生比成套公寓里的大学生坐得离陌生人远,较少聊天,较少看着陌生人,回避社交的倾向比较明显。

## 第三节　拥挤的预防与消除

从上文的论述可知,高密度与拥挤给人们带来的消极影响更多。所以,如何预防和消除拥挤,减少对人类身心的危害,就成了环境心理学研究密度与拥挤的一个重要目的。以下便提出一些有效的建议。

### 一、合理设计城市密度

城市的密度是城市规划与设计的首要内容,它以土地规模和人口数量两方面来衡量。城市显然不是越大越好,或是越小越差。城市不是农场,它是人们居住、工作和社交的地方,这就需要有彼此相对的接近度。密度是一种可以感知的现象。在城市规模上,对居民来说察觉到的密度远比单位面积里的人口数重要得多。

城市中的人口密度与是否拥有对城市生活非常重要的特殊功能和服务设施有关。例如,在城市的一定地区中,小型商店和服务设施(杂货店、酒吧、咖啡厅、洗染店等)出现的数量和种类,在一定程度上正是密度的作用。也就是说,人们住宅区域并不是很大,但是其中的商业设施很多,且种类繁多,就很可能让人产生拥挤感。当然,从能源保护出发,增加密度也是应该的。总之,在城市设计过程中寻找一个最佳密度是困难的,但它很有价值。

城市设计中的科学合理的密度可以确保城市的活力和各项指标的经济性,最大密度可以确保此土地上生活的人们有可控制的健康性和可居性。因此,一定要重视城市密度的设计。

## 二、通过科学合理的建筑设计降低拥挤感

利用建筑设计原理来减少人们的拥挤感,这是目前环境心理学家和建筑设计者共同努力的方向。

### (一)空间分隔

建筑设计者在进行办公室、宿舍的设计时,可以尽量减少环境造成的拥挤感,在空间和密度不能改变的情况下,尽量使空间显得宽敞。埃文斯提出,如果利用墙把空间分成几部分,拥挤就可以减缓。甚至在一个房间中设置一个可移动的屏障,即使不隔音,也可以遮挡其他人的视线,减少个体的压力(图7-4)。一般来说,一个人拥有一个独立的空间,会让这个人获得对该空间的控制权,就会相应地减少拥挤感。所谓"眼不见心不烦",在空间可

被利用的条件下,适当的空间分隔可以避免许多不必要的身体接触和多余的应酬。

图 7-4　可移动屏障分隔空间

　　家居环境的拥挤是对人的最大威胁,家庭也是一个小社会,只有在成员之间互不干扰、每一成员都具有一定控制感的基础上,才能建立起和谐亲密和令人满意的家庭关系,达到安居乐业的目的。因此,住宅应有起码的可用面积和合理的分隔,做到分得开,住得下(图 7-5);客厅不能大而无当。客厅过大,卧室必然

图 7-5　室内平面设计图

因过小而降低舒适感;同时,还应尽量考虑每个家庭成员的特殊需要。

在商场中也要注意空间分隔。采用大厅式设计的百货商场,当顾客进入后,由于要寻找商品,人流的交叉增多,再加上在一个大空间中人数众多造成的混乱,就会加剧人们的拥挤感。如果对空间作分隔,按商品划分成单元,可以使商场布置得井井有条,减少顾客的烦躁、焦虑情绪。

在大学公寓的一个房间里往往要住好几个学生。如果允许他们在房间里进行适当分隔的话,哪怕只是挡板或是帘子,虽然挡不住声音,但至少可以遮挡视线,拥挤感也会减少。这些措施可以减少不必要的交往并提高大学生的控制感,保障他们的私密性。一般来说,让大学生建立一个属于自己的小空间要比与别人分享一个大空间来得好。在这些小空间里,学生可以建立自己的个人控制,不受别人视线的干扰,并有机会对空间进行个人化的设计。

### (二)注意焦点设计

高密度和个人空间侵犯会增加人的生理、心理唤醒。实验证明,人们更喜欢能减少个人唤醒水平的环境。当空间密度增加时,人的唤醒水平往往也会增加。同时,目光接触、身体接触也会影响唤醒水平。所以,建筑设计可以通过控制其他因素来减少人们的消极反应,达到减少拥挤感的目的。例如,在阅览室,可以采取一座一灯的设计,让光线主要照射书本而较少照在人的脸部;在车站、候车室等拥挤环境中,可以提供一个注意焦点,如视野开阔的窗户、壁画等,转移人们的视线,减少目光的相互接触(图7-6)。同时,室内家具的色彩和布置对空间宽敞感都有重要的影响,比如,与墙壁同色的白色家具会让房间显得更加宽敞;开放的空间比封闭的空间显得更宽敞。

图 7-6　视野开阔的车站

## 三、调节个体的认知

其实，人们对密度的知觉是引起拥挤感的关键。所以，个体认知的调节也是消除拥挤感的一种重要方法。

庞斯等人研究了零售环境下，拥挤感和满意度的关系——中介作用和调节作用，结果发现了顾客情感评价的中介效应：感知到的密度在密度期待、购物环境和顾客的情感评价之间有中介作用，所以在零售环境下有意识地影响顾客的拥挤感知和拥挤期待显得尤为重要。

通过影响人们对于高峰出行的认知，一定程度上也能减少拥挤、应激和其他不利影响。比如，在一些活动进行前，主办方通过各种媒体提前提示或者警告个体可能会出现某个情境的人群高密度和拥挤，如提示顾客在早晚高峰会出现乘公交车拥挤；在端午节、中秋节、国庆节等时间段会出现交通拥挤，如果可能，尽可能避免高峰出行。这样，在一定的认知下，人们要么避免高峰出行，减少拥挤，要么处在拥挤路段也不会产生严重的焦虑、郁闷等情绪。

当个体自身不能解决拥挤状况时，给予适当的信息提示可以增强其控制感,减轻其焦虑情绪。关于此,兰格等人也进行了相关研究。研究表明,对两组被试,一组提供有关拥挤的信息,一组什么都不告诉,然后让他们在一个拥挤的杂货店内完成规定的一系列任务。结果发现,提供拥挤信息组任务完成得更好,被试的情绪也更积极。由此可见,如果面对的是高密度环境,最好尽可能地向人们传达相关积极信息,使人们调整自己的认知,保持冷静和理性,以便减少拥挤感,避免焦虑和恐慌情绪的产生。

卡林等人使用了三种调节方法对三组被试进行训练,目的是缓减拥挤对被试造成的消极影响。这三种方法分别是:肌肉放松、认知重建和想象。认知重建是通过引导被试注意情境中的积极方面,从而提高他们的积极情绪;想象是让被试按主试的指令想象一幅舒适的、田园式的画面,以转移注意力。另外有一个对照组,只给被试肌肉放松指令,而无其他训练。结果表明,给予认知重建训练的组效果最好,调节过后,被试比其他三组的拥挤感有所减少,情绪也比较平稳。

## 四、利用社会支持降低拥挤感

社会支持能够增强人们对环境不利因素的适应程度,有效地缓解拥挤导致的压力。一般来说,常见的社会支持类型有五种:一是情感关注,即聆听他人的烦恼与问题,表现出信任、同情、关心和理解;二是信息支持,即提供能改善个人应对能力的认知指导;三是评价支持,即对个人所做之事发表反馈意见;四是工具支持,即提供物质上的支持和服务;五是社会化支持,即陪同进行简单的对话、娱乐、购物活动等。

有调查研究发现,拥挤压力对女性产生的影响较小。之所以出现这种情况,很大一个原因是,女性更加擅长建立社会支持网络,更能够自由地同他人分享拥挤压力,而遵从坚强、独立等传统的男性则倾向于对拥挤压力闭口不言。

此外,也有研究者发现,同样是面对高密度,拥有低水平社会支持的人具有较高的个人空间需求,较易产生负面生理反应,且较易将由高密度引发的过度社会互动视为具有威胁性。如果一个人长期置身于高密度情境中,而缓解拥挤负面影响的社会支持网络遭到瓦解,社会支持的缓冲作用消失,那么这个人将受到严重的拥挤压力的负面影响。

## 五、不断提高密度与拥挤的科学研究水平

拥挤往往使人们处于非理智的情绪状态,个体之间的情绪相互感染,在拥挤情况下,人群的心理和行为特征都和普通人群不同,有其自身的特点和规律,如勒庞所强调的群体消极心理特征等。因此,近代学者需要系统地研究拥挤状态下的人群心理特点和规律,以便更好地预防拥挤的发生以及更好地应对。比如,管理学家从管理学的角度指出,在可能出现拥挤的特殊时间和地点,提前制订系统全面的人群管理预案,可以有效避免拥挤。计算机学者从人群的紧急疏散、群体动画和情感计算等方面探索了拥挤的疏散模拟仿真模型,通过人群动画进行人群导航计算来控制个体运动路径,避免个体之间发生碰撞。赫尔宾等人则从力学的角度指出,人群中个体的运动行为由各种力所决定,主要包括前往目标的驱动力、躲避他人或物体的排斥力、出口的吸引力等,进而开发模拟人群在出口处的拥塞现象的社会力模型。

很显然,不断提高密度与拥挤的科学研究水平,对于有效预防和消除拥挤有很大帮助。

# 第八章　噪声及其控制研究

随着工业生产、交通运输和城市建设的高速发展,环境噪声污染已经成为当今世界公认的环境问题之一。在城市化的今天,城市快速道路、高架复合道路、轨道交通、大型娱乐场所、空调系统等的相继运行,产生的大量环境噪声已严重地干扰人们的生活,甚至影响人们的身体健康。据统计,环保部门收到的污染投诉,很大一部分与噪声有关。环境噪声的控制不仅成了环保部门的紧迫任务,而且也是落实科学发展观,构建和谐社会的重要内容。

## 第一节　噪声与噪声源

### 一、噪声

#### (一)噪声的概念

噪声也称噪音,它通常是与乐音相对的。乐音是比较和谐悦耳的声音,如钢琴、胡琴、笛子等发出的声音属于乐音。噪声则是一切对人们生活和工作有妨碍的声音,从生物学观点来看,凡是使人烦躁的、对人类生活和生产有妨碍的声音都归之为噪声。

衡量一种声音是不是噪声,要根据个体的心理状态即需要情况而定。例如当人们希望有一个安静的交流环境时,悦耳的乐音也不受欢迎,会被当成噪声来对待。衡量一个声音是否为噪声的标准是纯粹主观的,它是根据个人的主观判断而决定的。一种声音对某个人也许是乐音,而对另一个人却是噪声。一般地,环境心理学家认为,那些令人烦躁、使人不愉快的以及不需要的声音均可称为噪声。

### (二)噪声的种类

噪声的种类很多,按照不同的标准可将其分为不同的类型。

#### 1.按机理分类

从噪声发生的机理,可将噪声分为以下三类。

(1)空气动力性噪声。这是由气体振动产生的,当气体中存在涡流或发生压力突变时引起气体的扰动,如通风机、鼓风机、空气压缩机、喷气式飞机、汽笛、发电厂或化工厂高压锅炉排气放空时所产生的噪声,均属此类。

(2)机械性噪声。这是固体振动产生的,在撞击、摩擦、交变作用、应力作用下机械金属板、轴承、齿轮等发生的振动,如织布机、球磨机、剪板机、火车车轮滚动等产生的噪声,均属此类。

(3)电磁性噪声。这是由于磁场脉动、磁场伸缩、电源频率脉动等引起电气部件的振动而产生的,如电机、变压器等产生的噪声,均属此类。

#### 2.按噪声的强度大小和影响程度大小分类

从噪声的强度大小和影响程度大小,可将噪声分为以下几类。

(1)过响声。这种噪声对人类的身心健康产生危害,它可以使住在附近的人不得安宁,时间长了还会使人头痛、呕吐、听力下降,并会引发各种不适感,喷气式飞机发动、起飞时的轰鸣声,机械运转的轰隆声等都属此类。

(2)不愉快声。这种声音是难听的、使人不愉快的声音,如摩擦声、汽车刹车的尖锐声、金属碰撞发出的声音以及人的尖声怪叫,这些都是噪声。

（3）妨碍声。妨碍声是对人类行为的目的会产生干扰的声音,如在电影院看电影时,旁边的人说话、嗑瓜子以及小孩的啼哭等,这种声音虽然可能不太响,但会影响人们的情绪。

（4）无影响的噪声。指人们在日常生活中已经习惯了的声音,如户外风吹树叶的沙沙声,热天室内使用风扇的微弱声音等。对这些声音,我们已习以为常,甚至感觉不到它们的存在,但它们也属于噪声之列。

### 3.按噪声的时间特性分类

按照噪声的时间特性,也就是噪声的出现随时间变化的情况,可将其分为以下两种。

（1）稳定噪声。它的强度不随时间变化而变化或者强度的起伏不大（不超过 3dB）,如织布机、电脑、通风机等机器运转所产生的噪声。

（2）不稳定噪声。这种噪声随时间的变化而不断变化,并且噪声强度的起伏较大,按照起伏变化情况可将其分为周期性噪声、无规则噪声或脉冲噪声。周期性噪声的强度随着时间的变化而呈现周期性的变化,如火车经过时产生的"咣当咣当咣当"的声音。无规则噪声的强度不随时间的变化而变化,如马路上时不时出现的重型机车或高音喇叭的声音。脉冲噪声的强度随时间的变化会发生很突然的起伏变化,如铆锤和冲床的撞击声。由于噪声的起伏较大且毫无规律,这类噪声对人的影响最大。

### （三）噪声的特点

### 1.公害性

与其他由有害物质引起的公害不同,噪声属于感觉公害。首先,它没有污染物,即噪声在空中传播时并未给周围环境留下毒害性的物质;其次,噪声对环境的影响不积累、不持久,传播的距离也有限;另外噪声声源分散,而且一旦声源停止发声,噪声也就消失了。因此,噪声不能集中处理,需要用特殊的方法进行控制。

2.局部性

与其他公害相比,噪声污染是局部和多发性的。除飞机噪声这样的特殊情况外,一般情况下噪声源离受害者的距离很近,噪声源辐射出来的噪声随着传播距离的增加,或受到障碍物的吸收,噪声能量被很快地减弱,因而噪声污染主要局限在声源附近不大的区域内。例如,工厂的噪声主要危害工厂周围的邻居,交通噪声的受害者也一般限于临街而住的居民,不像大气污染会涉及一个地区或一个城市,也不像水质污染那样会涉及一段河道或整个水系。此外,噪声污染又是多发的,城市中噪声源分布既多又散,使得噪声的测量和治理工作很困难。

## 二、噪声源

噪声作为声音的一种,具有声波的一切特征,其主要来源于固体、液体及气体的振动。通常能够发声的物质就是声源,按此说法,能够产生噪声的物质就是噪声源。噪声源可以分为自然噪声源和人为噪声源。前者一般难以控制,所以噪声的防治主要指后者。

### (一)自然噪声源

由地震、火山爆发、雪崩、泥石流等自然现象产生的声音和自然界中的风声、雷声、瀑布声、潮汐声以及各种动物的吼叫声等所有非人为活动产生的声音,统称为自然噪声。这些来源于自然界的噪声源头也就是自然噪声源。在日常生活中,以下噪声源大都属于自然噪声源的范畴。

1.雷电

源自自然大气现象的噪声称为大气噪声,主要是雷电放电噪声。雷电噪声的特点是大的随机尖峰短脉冲。雷电发生时的一次电流可达 106A，云与地面之间的感应电场可达 1～10kV/m，上升时间为微秒数量级。雷电会造成幅度很大的电场和磁场，也会产生高强度的电磁辐射波，它主要影响远程广播、通信和导航系统，例如海上无线电、地面广播等，对调频和电视接收影响程度较轻。

### 2. 天体

天体噪声的主要来源是太阳，太阳是最强大的噪声源，其温度约 6000℃，而且靠近地球。在平静期，太阳的噪声温度在 200 MHz 处大约是 700 000 K，在 30 GHz 处大约是 6 000 K。在太阳黑子和太阳耀斑活动期，这些值还会高许多。太阳耀斑诱发的磁暴有可能在电源线上感应出破坏性的浪涌电压，在一个广泛的区域内损坏电器设备。磁暴也极大地影响信号的传播。

### 3. 降水

降水噪声一般发生在接收天线附近有雨、雪、冰雹情况下。例如，海面波浪的噪声，下暴雨的噪声等，这种噪声其频谱峰低于 10 MHz。通过在天线及其周边地区消除尖锐的金属点，并提供路径泄放暴风雨期间在天线及其附近累积的静电，可大大降低这种噪声。

### (二)人为噪声源

人为噪声源就是由于人类活动所造成的污染源，一般可分为以下四种。

### 1. 交通运输

在城市各种噪声源中，无论从污染面还是居民影响看，交通噪声都是最重要的噪声源。交通噪声主要是指各种交通运输工具在行驶过程中所产生的声音。这些噪声的噪声源是流动的，干扰范围很广,是许多大型或中型城市噪声的主要来源。按照交通工具类型可以分为公路噪声、铁路噪声和航空噪声。公路噪声是公路上行驶的机动车、人力车等发出的噪声,大小取决于道路上的交通量和道路品质等。主要包括小轿车、公共汽车、电车、摩托车、拖拉机等发出的喇叭声、刹车声、排气声等。交通噪声对人们的影响很大,它具有两个特点。首先,它的存在十分广泛。欧盟估计,欧盟国家城市居民中有30%暴露于超过世界卫生组织建议的公路交通噪声最高水平。其次,交通噪声通常音量很大。测量显示,机场附近的噪声响度在75~95dB。

### 2.社会生活

社会生活噪声包括公共娱乐场所和超级市场发出的声音,分为三类:营业性场所噪声、公共活动场所噪声、其他常见噪声。营业性场所噪声,典型声源包括营业性文化娱乐场所和商业经营活动中使用的扩声设备、游乐设施产生的噪声。公共活动场所噪声,典型声源包括广播、音响等噪声。其他常见噪声,典型声源包括装修施工、厨卫设备、生活活动等噪声。

这类由日常生活和社会活动造成的噪声,通常强度不大,一般在80dB以下,同时持续时间短,影响范围较小,没有直接损害健康的危险性。但是,生活噪声也能使人心烦意乱,会干扰人们的学习、谈话和其他社会活动。

### 3.工业活动

工业活动也会造成噪声污染,包括城市中各种工厂中生产运转所造成的噪声,如空压机、通风机、纺织机、金属加工机床等运转产生的噪声,打桩机、混凝土搅拌机、推土机等建筑施工过程中产生的噪声。工业活动所产生的噪声影响面虽不及交通噪声那么广,但对局部地区的污染也相当严重。工厂噪声不仅直接给从事生产的工人带来危害,而且对生活在附近的居民也有很大影响。特别是城区内那些生产区与生活区混杂的地区,工厂与居民区往往只有一墙之隔，噪声对人们的工作和休息造成了诸多影响和不便。

### （三）其他低频噪声

人耳可听到的声音为 20～20 000 Hz，其中 500 Hz 以下称低频噪声。这些噪声主要来自安装在楼内的变压器、水泵、电梯、迪斯科舞厅的鼓声和跳舞的脚步声等。尽管耳朵不容易听到低频噪声，但因为多由震动引起，衰减缓慢，故能穿墙透壁长距离传播。尤其夜深人静要入睡时，这种震动会通过墙壁、楼板、床铺、枕头传递到耳朵，令人莫名其妙地心神不宁。而且低频噪声与人体生理频率接近，会引起交感神经紧张，心动过速，血压升高，内分泌失调，长期的噪声干扰容易造成神经衰弱、头痛、失眠等慢性损伤。为防止这种低频噪声对居民的损伤，楼内有震动的设备应设有减震措施，并尽量脱离主体建筑安装在楼外。

# 第二节　噪声及其对人的影响

总体来看，噪声对人有害，噪声会干扰睡眠。噪声可引起多种疾病，会引起人体紧张的反应，刺激肾上腺的分泌，因此而引起心率改变和血压升高。噪声还会使人的唾液、胃液分泌减少，胃酸降低，从而易患溃疡和十二指肠溃疡。一些研究指出，某些吵闹的工厂企业里，溃疡症的发病率比安静环境高 5 倍。噪声对人体的内分泌机能也会产生影响。在高噪声环境下，会使一些女性的性机能紊乱，月经失调，孕妇流产率增高。噪声对人的心理影响主要是使人烦恼、激动、易怒，甚至失去理智，分散了人们的注意力，容易引起工伤事故。具体来看，噪声对人的影响主要表现在以下几方面。

# 一、噪声对人感觉器官的影响

## （一）噪声对人听觉的伤害

噪声对人的危害首先表现在对听觉的影响，它会使人们的听力受到损伤。我们都有这样的经验，从飞机上下来或从锻压车间出来，耳朵总是嗡嗡作响，甚至听不清对方说话的声音，过一会儿才会恢复。这种现象叫作听觉疲劳，是人体听觉器官对外界环境的一种保护性反应。如果人长时间遭受强烈噪声作用，听力就会减弱，进而导致听觉器官的器质性损伤，造成听力下降，具体如表8-1所示。

表 8-1　人对不同声级的感受及声源举例[①]

| 声压级<br>/dB(A) | 听觉主观感受 | 对人体的影响 | 声源 |
|---|---|---|---|
| 0 | 刚刚听到 | | 自身心跳声 |
| 10 | 十分安静 | | 呼吸声 |
| 20 | | | 手表摆动声 |
| 30 | 安静 | | 安静的校园、耳语声 |
| 40 | | 安全 | 轻声说话 |
| 50 | 一般 | | 一般办公室 |
| 60 | 不安静 | | 公共场合语言噪声 |
| 70 | | | 大声说话 |
| 80 | 吵闹感 | | 一般工厂车间、交通噪声 |

---

① 苑春苗,栾昌才,李畅.噪声控制原理与技术［M］.沈阳:东北大学出版社,2014:44.

| 声压级<br>/dB(A) | 听觉主观感受 | 对人体的影响 | 声源 |
|---|---|---|---|
| 90 | 很吵闹 | 长期作用,听觉受阻 | 重型机械及车辆 |
| 100 | 痛苦感 | | |
| 110 | | 听觉较快受阻 | 风机、电站、空气压缩机 |
| 120 | | | |
| 130 | 很痛苦 | 心血管、听觉、其他器官受阻 | 焊接车间<br>大炮<br>喷气式分级起飞 |
| 140 | | | |
| 150 | 听觉受阻 | 心血管、听觉、其他器官受阻 | 发射火箭 |
| 160 | | | |

　　如果人们长年累月处于强噪声环境中而没有采取必要的防护措施,耳朵会经常地出现听觉疲劳现象,并且人耳不能及时从听觉疲劳中得到恢复,这样会对听力造成严重的损害。此时听觉器官就不仅仅发生功能性变化,而很可能发生器质性病变,最终会导致永久性的听觉阈限移位,这就是通常所说的噪声性耳聋。噪声性耳聋是一种常见的职业病,在工业化的社会中,成千上万的人受到听力损伤的折磨。事实上,一些报道谈到,每天接触强噪声的工人,几年后,都呈现出典型的噪声性听力损失。低频听力很少见到明显的损失,而高频听力却常见到明显的损失。

### （二）噪声对人视觉的伤害

　　噪声不仅危害人的听力,也会对人的视觉产生伤害。据国际上统计,在噪声级 80dB 中工作 40 年后耳聋的发病率几乎为 0;90dB 时相应的数字上升为 21%;100dB 时竟高达 41%！眼睛是继耳朵之后的又一受损器官。有资料表明,当音响强度在 90dB 以上时,识别弱光反应的时间延长,40% 的人瞳孔扩大;当达到 115dB 时,眼睛对光亮度的适应性下降 20%,同时伴有色觉能力的削弱。[①]

此外,噪声可使眼睛的色觉和色视野发生异常变化。噪声还能使视力清晰度的稳定性降低。一般地说,噪声的强度愈大,视力清晰度的稳定性愈差。因此,视物费力,眼易疲劳,在噪声中的作业工人常常有眼痛、眼花、视力减退等不良感觉。

### (三)噪声对人神经系统的伤害

噪声具有强烈的刺激性,如果长期作用于中枢神经系统,就可能会使大脑皮层的兴奋和抑制失去平衡,使脑电波发生变化,引起头痛、头晕、耳鸣、失眠、嗜睡、易激动、记忆力下降、注意力不能集中、乏力、疲劳等所谓"噪声病"症状。严重时会发展到全身虚弱,体质下降,容易并发或触发其他疾病,有的甚至发展为精神错乱。

日本东京在 20 世纪 60 年代是世界上公认的"噪声之都"。据报道称,东京市民每天要服用 600 万片安眠药或其他镇静剂来治疗噪声带来的不利影响。同期,在欧美也有大量居民患有类似的神经衰弱症。当患病者离开噪声环境时,这些症状会得到明显的好转。除了对中枢神经系统的影响,噪声对植物性神经系统也有影响。长期的强噪声作用会造成植物性神经系统功能紊乱,表现为脸色苍白、血管痉挛、心律失常等。

### (四)噪声对人心血管的伤害

急性的噪声暴露下会引起高血压,在 100dB 下十分钟肾上腺激素就会分泌升高,交感神经被激动。研究显示长期噪声的暴露与高血压呈正相关的关系。暴露噪声 70dB 到 90dB 五年,其得高血压的危险性高 2.47 倍[②]。

噪声能造成植物性神经系统功能紊乱,从而使血压的波动增大。特别是那些原来血压就不稳定的人,接触噪声后,血压的变化更加明显,波动范围更大。噪声所引起的血压变化还有年龄差

---

① 胡正凡,林玉莲.环境心理学[M].3 版.北京:中国建筑工业出版社,2012:154.
② 张朝晖,等.冶金环保与资源综合利用[M].北京:冶金工业出版社,2016:133.

异,年轻人接触噪声后,大多数出现血压降低,而老年人则大多出现血压升高。另外,噪声性听力损失严重的人,其血压要比听力正常者高,显然,这种差异是由噪声引起的。

## 二、噪声对人生活的影响

### (一)干扰睡眠

睡眠对人是非常重要的,它能够使人的新陈代谢得到调节,使人的大脑得到休息,从而使人恢复体力和消除疲劳,保证睡眠是人体健康的重要因素。噪声会影响人的睡眠质量和数量。连续噪声可以加快熟睡到轻睡的回转,使人熟睡时间缩短;突然的噪声可使人惊醒。一般70dB时可使50%的人受影响,突然噪声达40dB时,可使10%的人惊醒,60dB时,使70%的人惊醒。

### (二)影响交际

噪声给工作带来的另一个严重问题是会干扰人们的交流。当不同的听觉信号同时出现时,人耳常常很难区分,这种现象称为掩蔽。噪声对听觉信号的掩蔽作用,会降低言语的清晰度,影响人们的交谈。研究者发现,当多种声音混合出现时,如油印机的声音、计算器的声音、打字机的声音、两个人用西班牙语谈话的声音、一个人用美式英语说话的声音,人们就完全分辨不出这些声音了。由人讲话声组成的背景噪声对人们的交谈声具有更为严重的掩蔽效应。在噪声掩蔽之下,人耳难以听见一些言语信息,或者听不清,分辨不出。

### (三)影响人的心理健康

噪声对心理的影响,主要表现在令人烦恼、易激动、易怒,甚至失去理智,因噪声干扰引发民间纠纷等事件是常见的。

噪声对心理活动的影响突出表现在情绪反应上。它会令人产生兴奋不安、焦虑、厌烦等各种不愉快的情绪和情感,给人造成烦恼。噪声所引起的烦恼现象,首先与噪声强度有关。一般来说,噪声越强,就越有可能引起烦恼,所造成的烦恼程度(噪声烦恼度)相对也高。此外,噪声引起的烦恼与其频率特性和时间变化有关。高频率噪声比低频率噪声引起的烦恼程度高;脉冲噪声比稳态噪声引起的不愉快程度高。那种断续的噪声刺激更容易使人烦恼。噪声频率结构不断变化的场合,尤其是噪声强度不断变化的场合,同正常情况相比,引起的不愉快情绪更为强烈。上海华东师范大学心理系何存道等曾对不同强度的环境噪声引起的噪声烦恼效应的关系进行过调查研究,得到的结果见图 8-1。从图中可以看出,噪声强度越高,就越容易引起烦恼

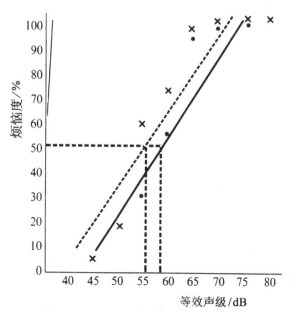

• —— 白天的回归线和烦恼度实测值;r = 0.955

× ------ 晚上的回归线和烦恼度实测值;r = 0.948

**图 8-1 噪声级与烦恼度的关系①**

噪声烦恼程度还因人们对噪声源的态度的差别而不一致。

① 张媛.环境心理学[M].西安:陕西师范大学出版社,2015:180.

如果一个人的工作与噪声有联系,尽管他和别人都是在同等程度上受到噪声的作用,但他对噪声的反应会比别人微弱,其心情更为平静。对自家噪声和邻居家噪声的反应也不同。一般来说,别人家的声音比自家的声音更易使人烦恼。表 8-2 所示的是一个研究得出的对自家噪声和邻居家噪声的不同心理反应和评定。

表 8-2 家庭噪声给居民的烦恼①

| 家庭噪声源 | 引起注意 | | 感到困扰 | | 影响睡眠 | |
|---|---|---|---|---|---|---|
| | 自己屋子内的/% | 邻居的/% | 自己屋子内的/% | 邻居的/% | 自己屋子内的/% | 邻居的/% |
| 关门的砰砰声 | 39 | 41 | 13 | 15 | 8 | 11 |
| 厕所自来水声 | 44 | 27 | 9 | 6 | 6 | 5 |
| 婴儿哭声 | 15 | 12 | 3 | 3 | 3 | 3 |
| 其他房间中的儿童嬉戏声 | 25 | 27 | 5 | 7 | 2 | 4 |
| 其他房间中的无线电广播声 | 52 | 58 | 5 | 10 | 4 | 6 |
| 其他房间中的钢琴或其他声 | 10 | 14 | 1 | 3 | | 1 |
| 其他房间中的谈话声 | 29 | 31 | 3 | 7 | 2 | 4 |
| 其他房间中人的活动声 | 48 | 48 | 5 | 8 | 4 | 6 |
| 一切人声 | 82 | 83 | 25 | 30 | 3 | 24 |

同时,强烈的噪声刺激使脑力劳动或体力劳动的效率和作业能力受到不良影响,尤其是从事困难而复杂的工作时,噪声的影响就更大。噪声是一种能分散注意力的刺激。噪声分散注意力作用的大小取决于噪声刺激的意义和个体的心理状态。即使适应了噪声环境也可能使人的注意力狭窄,对他人需要不敏感,从而导致辨别能力、作业能力下降。

---

① 余国良,王青兰,杨治良.环境心理学[M].北京:人民教育出版社,1999:160.

# 第三节 噪声的防治

噪声对人们的身心都造成了严重威胁,因此防治噪声污染便成为人们维护健康生存环境的重要举措。而要做好这一工作,要先了解环境噪声的标准,并结合该标准做好噪声的防治工作。

## 一、环境噪声的标准

噪声标准是指在不同时间、不同情况下所允许的最高噪声级。噪声标准通常分为三类:一类是保护人身体健康的标准,一类是城市环境噪声标准,还有一类是产品噪声标准。这里主要分析前两类。

### (一)保护人体健康的标准

世界卫生组织认为,白天噪声为 55dB,晚间噪声为 45dB 尚属适宜。噪声标准是噪声控制的基本依据,制定噪声标准时,应以保护人体健康为依据,以经济合理、技术上可行为原则,同时,还应从实际出发,因人、因时、因地不同而有所区别。

就我国的情况来说,根据《声环境质量标准》(GB 3096—2008)和《社会生活环境噪声》(GB 22337—2008)的规定,保护人身体健康的噪声标准如表 8-3 所示。

表 8-3　我国环境噪声允许范围[①]

| 人的活动 | 最高值(dB) | 理想值(dB) |
| --- | --- | --- |
| 体力劳动(保护听力) | 90 | 70 |
| 脑力劳动(保证语言清晰度) | 60 | 40 |
| 睡眠 | 50 | 30 |

---

① 张淑兰,张海军.环境污染防治的监测技术研究[M].北京:中国纺织出版社,2018:160.

## (二)城市环境噪声标准

城市环境噪声复杂多样,所以制定其标准也是件非常复杂的工作,既要做到真正保护环境,又要做到切实可行。我国城市环境噪声标准是以对睡眠、休息、交谈和思考的干扰程度为依据制定的,标准为 GB 3096—2008《声环境质量标准》和 GB 22337—2008《社会生活环境噪声》,根据这两项标准的规定,我国的城市环境噪声应符合表 8-4 的规定。

表 8-4  社会生活噪声排放边缘边界噪声排放限值[1]

| 边界外声环境功能区类别 | 昼间/dB | 夜间/dB |
|:---:|:---:|:---:|
| 0 | 50 | 40 |
| 1 | 55 | 45 |
| 2 | 60 | 50 |
| 3 | 65 | 55 |
| 4 | 70 | 55 |

其中,0 类标准适用于疗养区、高级别墅区、高级宾馆区等特别需要安静的区域。位于城郊和乡村的这一类区域分别按严于 0 类标准 5dB 执行。

1 类标准适用于以居住、文教机关为主的区域。乡村居住环境可参照执行该类标准。

2 类标准适用于居住、商业、工业混杂区。

3 类标准适用于工业区。

4 类标准适用于城市中的道路交通干线道路两侧区域,穿越城区的内河航道两侧区域。穿越城区的铁路主、次干线两侧区域的背景噪声指不通过列车时的噪声水平,限值也执行该类标准。

---

[1]  环境保护部,国家质量监督检验检疫总局.社会生活环境噪声排放标准:GB 22337—2008[S].北京:中国环境出版社,2008.

各类机动车辆加速行驶时,车外最大允许噪声级应符合表 8-5 的规定。

**表 8-5　各类机动车噪声标准①**

| 汽车分类 | 噪声限值(Db/A) | |
|---|---|---|
| | 第一阶段 | 第二阶段 |
| | 2002-10-01—2004-12-30 期间生产的汽车 | 2005-01-01 以后生产的汽车 |
| M1 | 77 | 74 |
| M2(GVM≤3.5t),或者 N1 (GVM≤3.5t) GVM≤2t 2t≤GVM≤3.5t | 78 79 | 76 77 |
| M2(3.5t≤GVM≤5t),或者 M3(GVM>5t) P<150kw P≥150kw | 82 85 | 80 83 |
| N2(3.5t≤GVM≤12t),或者 N3(GVM>12t) P<75kw 75kw≤P<150kw P≥150kw | 83 86 88 | 81 83 84 |
| 说明: M1,M2(GVM≤3.5t)和 N.类汽车装用直喷式柴油机时,其限值增加 1dB(A)。 对于越野汽车,其 GVM>2t 时: 如果 P<150kW,其限值增加 1dB(A); 如果 P≥150kW,其限值增加 2dB(A)。 M1 类汽车,若其变速器前进挡多于四个,P>140kW,P/GVM 之比大于 75kW/t,并且用第三挡测试时其尾端出线的速度大于 61km/h,则其限值增加 1dB(A) | | |

① 周新祥,于晓光.噪声控制与结构设备的动态设计[M].北京:冶金工业出版社,2014:40.

## 二、做好噪声的控制

噪声已成为公害之一,但人们知道,只有当声源、声音传播的途径和接收者同时存在时,才对听者形成干扰。因此,控制噪声必须从这三方面入手。

### (一)声源控制

声源就是振动的物体,从广义说它可能是振动的固体,也可能是流体(喷注、湍流、紊流)。从声源处治理噪声是降低噪声最有效和最根本的办法。即使部分减弱声源处的噪声强度,也可以使传播途径中或接收处的抑制噪声工作大大简化。这主要通过选择和研制低噪声设备,改进生产工艺,提高机械设备的加工精度和安装技术,使发声体变为不发声体,或者大大降低发声体的声功率来实现。例如,用无声的液压代替高噪声的机械撞击;再如,提高机器制造的精度,尽量减少机器部件的撞击和摩擦,正确校准中心,使动态平衡等,这都是降低机械噪声源强度的方法。

在噪声控制技术中,吸声技术是最常见的一种声源控制技术。吸声原理是当声波入射到物体表面时,一部分能量被反射,一部分能量被吸收,其余一部分声能却可以透过物体。常见的吸声材料有以下两种。

(1)纤维类材料:纤维类材料又分无机纤维和有机纤维两类。无机纤维类主要有玻璃棉、玻璃丝、矿渣棉、岩棉及其制品。有机纤维类主要有棉麻下脚料、棉絮、稻草、海草,以及由甘蔗渣、麻丝等经过加工而制成的各种软质纤维板。

(2)泡沫类材料:主要有脲醛泡沫塑料、聚氨酯泡沫塑料、氨基甲酸酯泡沫塑料等。这类材料的优点是密度小($10 \sim 14 \mathrm{kg}/\mathrm{m}^3$)、导热系数小、质地软,缺点是易老化、耐火性差。目前用得最多的是聚氨酯泡沫塑料。

### （二）噪声传播途径控制

由于技术或经济上的原因,使得从声源处控制噪声难于实现时,可以从噪声传播途径上设法解决。这主要是用阻断和屏蔽声波的传播或利用声波传播的能量随距离衰减的规律来控制噪声。例如,使高噪声车间与要求安静的地区分开,或在声源与人之间设置隔声屏和利用天然屏障遮挡噪声的传播,此外,将一些噪声极强、影响面很宽的设备迁往偏僻的地区,也可以减小噪声的干扰。

在隔绝噪声传播途径上,最常见的手段就是隔声技术。隔声是利用墙体、各种板材及构件使噪声源和接收者分开,阻断噪声在空气中的传播,从而达到降低噪声的目的。隔声的原理是,当声波在传播过程中,遇到匀质屏障物,使一部分声能被屏障物反射,一部分被屏障物吸收,一部分声能透过屏障物辐射到另一空间,透射声能仅是入射声能的一小部分。常见的隔声设备有隔声罩、隔声间、隔声屏等。

在城市规划、建筑设计等方面也可做到噪声传播声源途径的隔绝。例如,在城市规划中采取"闹静分开"的设计原则降低噪声。例如把居住区、学校、医院等对安静有较高需要的区域与繁华喧闹的商业区、娱乐场所、工业区分开布置。在厂区设计中,可以把需要安静环境办公的办公区与噪声较大的生产车间的距离扩大。在建筑布局中,可以充分利用已有建筑的屏蔽效应,尽可能地降低噪声。图 8-2 是利用合理的建筑布局来阻挡噪声的例子。

此外,研究表明,绿色植物,特别是林带具有消声降噪的作用,可以有效减弱噪声强度,被称为"绿色消声器"。噪声是一种声波,它通过树林时由于受到枝叶的阻挡,使噪声向各个方向不规则地反射。树木的叶片有许多气孔和绒毛,它们对噪声具有一定的吸收能力,从而可降低噪声的强度。噪声在传播过程中由于引起树叶的微振,消耗了声能导致噪声减弱甚至消失。这就是利用绿化降低噪声的原理。因此,可利用种植绿化带的形式降低噪声,如图 8-3 所示。

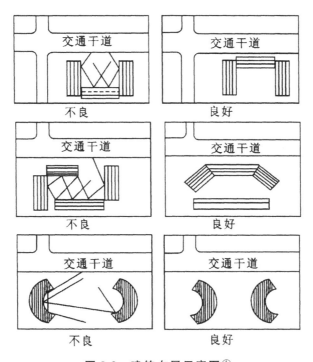

图 8-2　建筑布局示意图[①]

图 8-3　绿化带的存在降低了城市交通噪声的传播

---

①　张媛.环境心理学[M].西安:陕西师范大学出版社,2015:197.

### （三）个体防护

在上述措施均未达到预期效果时，应对工人进行个体防护。如采用降声棉耳塞、防声耳塞或佩戴耳罩、头盔等防噪声用品。有时也可在噪声强烈的工作场所内建立一个局部安静环境——隔声间，让工人们休息，或在隔声间控制仪器。另外，还可采取轮换作业，限制工人进入高噪声环境的工作时间的方法。

此外，还可以通过噪声言语通信训练，提高在噪声条件下进行言语通信的能力，这在军事通信上已普遍采用。由于噪声作用与人的个体特点及健康状况有关，人对噪声的耐受力有个别差异，因此，对于一些特殊工种，可以采取心理选拔的方式，选择噪声耐受力较高的人担任这些高强度噪声背景下的工作。

# 第九章　环境心理学在设计中的应用

环境心理学从使用者的心理和行为的角度进行研究,探讨人与环境的最优化。重视环境中人们的心理感受,着重研究空间的领域性、私密性、依托的安全感、从众与趋光心理等。考虑使用者的个性与环境的相互关系,充分理解使用者的行为、个性,在塑造环境时予以考虑,同时适当地运用环境对人的行为加以引导甚至在一定程度上加以"制约"。环境心理学在居住环境设计、教育环境设计、公共环境设计中的应用,其基本点主要涉及如何组织空间,设计好界面、色彩和光照,处理好整体环境,使之符合人们的心理感受,使环境更好地服务于商业目的并最终服务于人。

## 第一节　环境心理学在居住环境设计中的应用

居住空间的舒适性是当代人生活中追求的重要目标之一。当人们在紧张的工作之余,感受到居住空间温馨而又赏心悦目的氛围,可以令心情得到放松,从而获得良好的身心休息。色彩、形态、材质是居住空间设计中的重要因素。人们对居住的环境,不仅从住宅的物理特征方面,还从其心理方面进行评价。因为住宅不仅是一座房屋,它还为人们提供了丰富的生活体验。根据现代心理学的研究,人们对于外界信息的感受可通过视觉、听觉、嗅觉、味觉、触觉等多种渠道获得,而通过视觉感受获得信息是最主要的方式。以下就环境心理学在居住环境设计中的应用进行探讨。

## 一、居住地的选择与规划

人们对居住环境的评价，既包括对住宅的物理特征评价，又包括心理方面的评价。对于居住者来说，居住地不仅仅是一处房屋，它还为人们提供了丰富的生活体验。环境心理学家的调查显示，人们选择住宅的要求一般包括：足够大的居室面积，便利的生活服务设施，适当远离城市中心，居住安全感，能够为生活状态改变提供环境支持，以及邻里之间的紧密联系等。同时，住宅的大小、形状、使用空间，以及房屋内部的色彩、照明、噪声和气味等共同构成了个体对于家的舒适感评价。具体而言，居住地的选择与规划，通常从外部、内部两大方面来考虑。

### （一）外部因素

居住地的位置选择或规划至关重要，其不仅关系到居住的方便性，同时也关系到住宅的安全性，以及个体的社会适应性。因此，居住环境设计还应考虑社会和文化因素，从外部居住环境上满足居住者的生活方式需求，如运动设施、医疗设施、文娱设施，等等。一方面，住宅周边配套的公共设施，不仅可以方便地满足人们日常生活所需的购物、医疗和休闲等功能，而且还能提供足够的社会交往空间，满足居住者的社会交往需要。另一方面，在人们对于居住满意度的评价中，住宅环境的安全性也占据了很大比重。例如，人口流动结构简单且不偏僻的地理位置，采用开放式社区布局设计，减少住宅周边的防护、监控死角等。这些是人们对居住环境的一般的、概括性的要求，对于不同类型的住宅，设计要求是不同的。

### （二）内部因素

环境心理学家普遍认为，个体的生活方式与居住环境存在交互关系。简单来说，一方面，生活方式会影响居住环境，如卫生等行为会影响空气质量。另一方面,居住环境的构造也会影响居住者的心理状态和行为。例如,公寓式住宅让很多人感到邻里间交往过少。因此,从居住环境角度出发,住宅内部设计和规划应该满足居住者在生理行为、家务行为、娱乐行为和社会行为这四方面的生活方式需求。

房屋和居室的面积大小、格局设计和地理位置等方面的考量也很重要,它会直接影响人们的居住满意度和心理健康。相关拥挤的研究表明,居住环境的高密度会导致个体缺少私密性,从而使其产生消极情绪和紧张感,甚至会导致家庭成员间的关系淡漠等。

环境对人的心理作用是由信息传递所产生的神经脉冲对人脑作用的结果。个体从外界所接受的信息中,视觉约占 80％,其他还包括触觉、嗅觉和听觉,等等。因此,在居住环境设计中,更应重视各种信息的综合运用,以强化空间环境的心理效应。同时,由于房间的通风、采光也会影响到居住者的身心健康,因此也应予以重视。

## 二、住宅设计

现代居室类型多种多样,有最为广泛的公寓式住宅,也有更加私人化的独立式住宅。它们存在一定的共性要求,但又有各自需要关注的设计重点。

### (一)公寓设计

对于我国而言,公寓式住宅作为公共住宅,是目前最普遍的一种住房形式。其类型主要包括庭院式的低层公寓、多单元的高层建筑大楼和学生宿舍。其中,庭院式住宅通常有两到三层,它比高层住宅更受欢迎。公寓设计重点考虑安全性、可防范空间。

### 1. 安全性

公共住宅区的犯罪率较高,特别是高层楼房。所以,住在高层公寓里的居民最关心的问题之一就是住宅的安全性。有环境心理学家和建筑设计师认为,公共住宅区的大小与犯罪率无关,而建筑物的高度却与犯罪率关系密切。通常楼层越高,犯罪率也越高,这主要是由高层公寓的结构布局所决定的。首先,相比于其他住宅类型,高层公寓住宅可以为更多的人提供居住空间;与此同时,住户越多也就意味着居民之间互相认识和了解的机会越少。因此,就很难辨认混入住宅楼进行犯罪活动的陌生人。其次,由于高层公寓缺乏防御空间,从而便于犯罪嫌疑人作案。基于此,公共住宅的建筑设计,首先就要防止和降低犯罪行为的发生。例如,在防范最薄弱的区域采用开阔性设计,如在楼梯间等处增加可见区域,避免监控死角。此外,还可以在公寓中设计眺望窗户,使居民能注意到进入公寓大楼的陌生人和可疑人员,同时加装电子监控设备,加强对公共区域的监视。另外,缩短走廊距离也能降低住宅区的犯罪率。

2. 可防范空间

可防范空间的第一个特点是个体可感知和可防范的领域。对于住宅区而言,应该有清晰的私密性和公共性领域层次区分,领域之间也应该有可感知的标记物。同时,通过设置半公共区域,从而扩大居住者的空间占有率,以增强他们对周围环境的关心以及对环境的控制与维护。因此,加强领域性是高楼层公共住宅区设计的基础。设计时也要注意,住宅每层楼的住户数、每幢建筑的单元数和每个住宅小区的建筑物数量都不宜过多。

可防范空间的第二个特点是具有监视作用。简单来说,就是要使环境对犯罪分子起到心理上的威慑作用。例如,居室的平面布局和室内的门窗设计等,都应该保证居住者能够从室内直接观察到室外情况,从而提高安全性。

在公共住宅设计中,可以明确地对住宅周边用地的功能进行划分。例如,开辟新的公共区域和半公共区域,将十多个住户组合形成一个封闭院落,降低陌生人随意出入社区的次数。另外,改变公共住宅的外观,可以在增加安全性的同时,增加住宅的建筑美感。

### (二)独立式住宅设计

独立式住宅是指"一家一户,单独而立的住宅"。与公寓相比,独立式住宅更能满足个体对于隐蔽性和个人空间的需求,其间没有拥挤所带来的压力。相比于东方地区,私人住宅在西方更为普遍,大多数人都拥有属于自己的独立住宅。对个体而言,住宅起到强化个体的自我意识、向他人显示主人的个性、明确群体关系和表明主人社会地位的作用。

独立式住宅都建在市郊或野外,具有郊区化的特点。因此,相比于其他住宅类型,独立式住宅的空间位置就显得十分重要,毕竟位置决定了人们相互交往的数量和频率。例如,因为彼此相近的人比相隔较远的居民更容易建立友谊,所以独立式住宅之间的距离能够决定邻里间的友谊类型。此外,住宅在街道中的位置也会影响到友谊的类型,如住在街道两头的住户往往比住在交叉路口的住户需要更多的友谊。同时,房屋大门的朝向也会影响到人际交往情况,如果大门朝着人行道,那么人们就更容易同房屋主人建立友谊。

另外,在独立式住宅的环境设计中,还应着力突出其私密性和领域感。然而正是基于这一点,独立式住宅的隐蔽性会相对较好,所以其位置的选择也是需要重点考虑的方面,毕竟这会直接关系到住宅的安全性。

## 三、室内装潢

在人的一生中,大约有一半以上的时间是在住宅中度过的。因此,居住环境设计是否科学、卫生,会直接影响人体健康。室内装潢重点考虑采光、色彩、噪声污染。关于噪声污染,本书其他章节已进行了详细阐述,这里不再展开。

### （一）居室采光

一般起居室位于屋室的中心部位，因此，常见的采光形式为侧窗采光，有时独立式住宅为取得更均匀的采光使采光效果更佳，会运用天棚的顶光或高侧窗进行采光。起居室应有直接采光，据建筑设计规范要求，其窗地比为大于 1/7。无直接采光的过厅的使用面积不应大于 10 m²。良好采光使人们有视觉与实际活动上的舒适感受。

在住宅空间的采光问题上，主要分为自然采光和人工采光两部分。

从自然采光而言，阳光对于人体健康十分重要。经研究发现，在阳光充足的房间，儿童显得活泼机灵；让精神自闭者生活在光线较充足的地方，其自闭行为会减少一半，而且能增加许多与人交流互动的行为；在日光灯中加入类似太阳光的紫外线，对人体的健康有益处；光线不足会造成视觉疲劳、头痛、反胃、忧郁、郁闷等行为反应。此外，自然光的流动还可以增加开放性，使室内空间更加灵动和开阔。因此，住宅设计要注意采光。一般来说，室内门窗的大小和数量会直接影响自然采光的质量。若装潢条件允许，通过改动门窗尺寸是提升采光效果的最佳方法。或者利用室内装饰材料的透光性和折射性等功能，来改善住宅室内空间的自然光引入。例如，在选择墙体装潢材料时，尽量选择反射率较高的白漆墙或普通白墙，而尽量避免光吸收率过低的混凝土和沥青铺装。另外，在选择门窗材质或窗帘装饰时，也应选择透光性质较好且折光率较高的材质，如透明或压花玻璃、绘图纸等。

在自然采光不能满足各种居住生活需要和更好地营造空间艺术氛围的情况下，人工照明设计成为居住空间设计的重要内容。照明的种类有基础照明、局部照明、重点照明、装饰照明（表 9-1）。

表 9-1　人工照明的种类

| 类型 | 相关表述 |
| --- | --- |
| 基础照明 | 是安装在屋顶中央的吸顶灯、吊灯或带扩散格栅的荧光灯等光源,照亮大范围的空间环境的一般照明,照明要求明亮、舒适、照度均匀、无炫光等 |
| 局部照明 | 是在基础照明提供的全面照明上对需要较高照度的局部工作活动区域增加一系列的照明,如梳妆台、厨具、书桌、床头等。为了获得轻松而舒适的照明环境,使用局部照明时,要有足够的光线和合适的位置并避免炫光,活动区域和周围环境亮度应保持 3:1 的比例,不宜产生强烈的对比 |
| 重点照明 | 在居住空间环境中,根据设计需要对绘画、照片、雕塑和绿化等局部空间进行集中的光线照射,使之增加立体感或色彩鲜艳度,重点部位更加醒目的照明称为重点照明。重点照明常采用白炽灯、金属卤化物灯或低压卤钨灯等光源,灯具常用筒灯、射灯、方向射灯、壁灯等,这些灯安装在屋顶、墙、家具上,保持与基础照明照度 5:1 的比例,并形成独立的照明装置。对立面进行重点照明时,从照明装置至被照目标的中央点需要维持 30°角,以避免物体反射炫光 |
| 装饰照明 | 是利用照明装置的多样装饰效果特色,增加空间环境的韵味和活力,并形成各种环境气氛和意境。装饰照明不只是纯粹起装饰性作用,也可以兼顾功能性,要考虑灯具的造型、色彩、尺寸、安装位置和艺术效果等,并注意节能 |

由于不同活动空间对照度要求的差异,居住空间照明设计要适当控制空间照度水平。例如,社交活动和工作学习空间需要有高照度照明,在睡眠休息的卧室采用低照度照明。

为了提高空间环境的舒适性,保持适当的空间亮度水平和对比非常重要。不同活动空间的亮度水平存在一定的差异,工作区、工作区周围和环境背景三者之间的亮度差别不宜过大,对比过于强烈会引起不舒适的炫光,容易使人感觉疲劳和烦躁。室内均匀分布亮度会令人感到不舒适和单调,造成空间美感不足;优秀的居住空间照明设计,应根据环境的不同设计出有变化且富有层次感的亮度分布。

　　在满足室内照明需求的基础之上,灯光的装饰作用则显得相当重要。善加利用灯光的照明作用可以产生特殊的照明效果。第一,灯光可以突出重点,通过调节灯光的相对亮度,使得众多室内灯光得以相互配合,通过对比突出重点,便于形成视觉搜索中心,从而达到突出装饰意图的目的。第二是灯光的节奏问题。在达到均度照明后,人眼在无有效刺激的条件下,很容易出现视觉疲劳。因此,应特别注意同一室内空间的灯光配合问题。

### (二)居室色彩

　　居住环境与色彩心理的关系密不可分。色彩作为居住环境中重要的表现手段,是人们对房屋形成初始印象的载体。基于大量研究结果,环境心理学家普遍认为,个体会对不同颜色产生不同的心理和生理反应,具体如表9-2所示。

**表9-2　色彩、情感特征和生理反应[①]**

| 色彩名称 | 色彩情感 | 生理反应 |
|---|---|---|
| 红色 | 忠诚、热烈、活泼、甜蜜、激动、喜气、危险、恐怖、浮躁 | 血液循环、脉搏和心跳加速,血压升高,焦虑和烦躁 |
| 黄色 | 权威、高贵、明朗、欢乐、积极进取、爽朗、信心、轻快 | 刺激神经和消化系统、逻辑思维能力加强,过多则会引发不稳定 |
| 绿色 | 青春、健康、和平、宁静、放松、生命、自然、信任、谦逊、安全、松弛、富有朝气 | 有助于稳定情绪、镇定精神,促进消化,促进身体平衡 |
| 蓝色 | 沉静、深沉、悠远、安宁、理智、寒冷、安静、理想、忧郁、冷淡、孤独、悲伤 | 缓解紧张情绪和疼痛,降低脉速,调节体内平衡 |
| 紫色 | 优美、虔诚、神秘、宁静、精致、幽静、阴暗、忧郁、孤傲 | 压抑运动神经、心脏系统和淋巴系统,维持体内钾平衡 |

---

　　① 苏彦捷.环境心理学[M].北京:高等教育出版社,2016:327.

续表

| 色彩名称 | 色彩情感 | 生理反应 |
|---|---|---|
| 白色 | 清洁、纯洁、神圣、坦诚、高尚、平和、清白、明朗、朴素、冷酷、阴冷、哀伤 | 有助于平复激动情绪 |
| 黑色 | 坚硬、肃穆、沉默、刚正、权威、罪恶、悲哀、绝望、阴森、压迫、忧郁 | 给人以庄重、稳定的感觉，与高明度、高彩度颜色的配合，有增强、夸张的效果，有宁静、休息、安慰的感受 |

色彩作为居住环境中的重要原色，其对于居住空间的舒适度、环境氛围营造以及居住者的生理和心理都有着巨大影响。因此，以居住者对于色彩的适应性为前提，就需要从不同功能的空间角度考虑居室色彩问题。

1. 卧室色彩

作为以休息和睡眠为主要功能的个人空间，卧室是人们纾解压力、放松身心和恢复体力的私密性场所。针对不同的人群的特点和需求，可采用不同的色彩搭配以营造卧室氛围。卧室大面积色调，一般是指家具、墙面、地面三大部分的色调。首先，组合这三部分来确定一个主色调，如果墙是以绿色系列为主调，织物就不宜选择暖色调。其次，确定好室内的重点色彩，即中心色彩。卧室一般以床上用品为中心色，如床罩为杏黄色，那么，卧室中其他织物应尽可能用浅色调的同种色，如米黄色、咖啡色等，最好是全部织物采用同一种图案。另外，卧室装修时应根据居住主体的不同，采用不同的配色。

2. 起居室色彩

起居室不仅是家庭成员的主要活动中心，还是家庭成员间情感交流、娱乐和会客休息的重要场所，空间使用率极高。一般来讲，起居室在整体居住空间中所占面积会大于其他空间。因此，在进行色彩搭配时，宽敞的起居室空间可以考虑选取低明度的色彩或中性色,以此来削弱空间过大所带来的空旷感;若起居室空间较为狭小,则可以选择色调淡雅的高明度色彩,以扩大起居室空间感。

### 3.书房色彩

书房是人们用于学习、工作和静思的个人空间,也是居住空间中唯一与办公环境相似的空间。因此,书房的配色方案应以庄重和精致为主。书房的色彩首先要符合整个居室的色彩风格,在遵循整体性原则的基础上,选择柔和宁静的颜色,如米白、米黄、浅蓝等都很适合作为书房的颜色。过于艳丽的颜色会使人心情烦乱,过于深暗的颜色容易使人压抑,都不适于书房的装修。同客厅、卧室等空间一样,书房天花板、墙面、地面的颜色也应该逐渐降低色度,这样可以给人稳定的感觉。窗框、门框等与墙面和地面的对比度不应该太高,以免分散人的注意力。

### 4.厨房与餐厅色彩

厨房是家庭中用于食物加工的场所,普遍会因烹饪而产生热量,并使得人们产生烦躁感。因此,在基调上一般可选用中高明度的冷色,如蓝色、淡绿色等作为基调,这样做一方面有助于使用者稳定情绪,另一方面也有助于厨房空间的整洁。对于餐厅空间,可以利用色彩的情感特征,选用橙色、黄色等能够促进食欲和消化的颜色进行装潢。

### 5.卫生间色彩

卫生间是家庭成员的共用空间,也是解决生理需求的必要场所,它对于清洁性要求较高。因此,在配色设计中,应注意考虑其功能性,如洗浴空间可运用暖色,促进个体洗浴的舒适感;厕所区域应运用偏冷色调的颜色,使人产生清洁感。

此外,根据住房色彩与心理健康的密切关系,住宅空间配色上还应注意,家庭人口多而喧闹的,适宜采用冷色调;反之,则多采用暖色调。

# 第二节 环境心理学在教育环境设计中的应用

环境是教育的生存场所和发展空间,是教育观念和教育模式的标志体现。环境启发人、养育人、改变人。可以说,教育在本质上离不开教育环境。教育环境,尤其是学校应该在个体的认知发展和情感体验过程中注入希望和力量。以下就环境心理学在学校环境设计、图书馆设计中的应用问题展开探讨。

## 一、学校环境的设计

学校环境的设计不仅在塑造学校的良好形象方面意义重大,而且在形成学生的人格,促进学生身心健康、全面发展中起到重要作用。因此,对个体来说,好的学习环境设计不仅可以提升学业成绩、促进身心发展,更能让教师的工作和学生的学习成为一种享受。

学校环境包括物理环境和教学设施两个方面。物理环境是对教学活动的效果发生重大影响的环境因素,主要表现为学习环境中的空气、光线、色彩、温度、声音和建筑材料。教室里空气新鲜能使人大脑清醒,心情愉快,从而提高教学效率;适当的光线强度是学生学习的必要条件;环境温度适宜不仅是教学设施正常运行与维护的需要,还可以提高学生大脑处理信息和解决问题的能力;颜色在促进人的智力方面也扮演着重要角色。教学设施是构成学校环境的主要因素。作为学校环境的重要组成部分,教学设施不仅通过自身的完善程度制约和影响着教学活动的内容和水平,而且以自身的一些外部特征给师生不同的影响。例如,校舍建筑的不同造型、颜色,室内外的各种装饰布置,包括校园绿化、教室内的课桌椅摆放、布置、地板的铺设等,都会对师生的精神面貌、教学情绪乃至教学质量产生影响。让教师充分参与教学设施的购买、设计和摆放是很好的办法,这样能够提高教师对教学环境的掌控感,促进教师的教学效果。

下面就教室环境设计、校园环境设计进行阐述。

### (一)教室环境设计

教室环境设计是为了促进学生的成长,服务于他们在校的学习生活。因此,一般而言,教室环境要具有教育意义;符合学生的身心发展,突出学生主体性;整体安全舒适美观;具有独特的创造性等。以下主要从班级规模、教室座位的设置来展开。

#### 1.班级规模

在许多学校,班级人数一直是影响教学的重要因素之一,同时也是教育家、教育心理学家和环境心理学家感兴趣的问题。在中国,普通学校一个班通常有50~60人;而在国外,一个班只有二十多人。班级人数增多后带来的一个最主要问题是,人员空间密度的增加、个人空间的减少。高密度增加了个体的分裂行为;同样,在教室里,如果空间密度增大,学生的分裂行为也会增多。所以,适宜的班级人数决定了合适的学校规模。研究发现,那些就读于人数少的学校的学生,在将来更可能处于领导地位,也更可能接受他人对自己成绩的评价。小规模的学校,也更易于学生与他们的老师和同伴彼此加深了解,以及自我发展。另外,研究还发现人数少的学校,学生的犯罪行为和不正常行为都比规模大的学校要少,因为小学校缺乏个人空间的匿名性。

#### 2.教室座位的设置

教室中的课桌椅及座位设计涉及学生的领地性、私密性、学生的交往距离、个性、学习动机和效果等诸多问题。例如,课桌椅的摆放影响到师生间的互动性和知识的获取。传统教室空间的排列方式是秧田式,这种方式适合于教师处于支配地位的活动。

以该方式排列,坐在教室前排和中间的学生成绩往往要比坐在后排的好。因为坐在后面的学生可能看不清黑板或听不清教师的讲话;在心理上产生被冷落的感觉,导致对课程兴趣降低。所以教室桌椅可以采用马蹄形设计或者矩形设计,这样可以增加学生间、师生间的交流,减少教师和学生的距离感。马蹄形排列适合于师生交往比较多的活动,矩形排列适合于要学生互相讨论的活动。

座位还影响到学生的学习态度和课堂参与性,它比学习成绩产生的影响要大。有研究表明,当学生坐在前排或座位距离教师较近,能够提高学生的课堂参与性。此外,教育环境的设计还影响到学生学习动机、情绪和智力发展,所以有效的学习环境设计能够提高学习动机,使学生变被动为主动。

近年来,随着以物联网、云计算、人工智能、大数据以及无线网络为代表的新一代信息技术的日趋成熟,在很多中小学和大学,以智慧技术、智慧应用、智慧管理等为特征的智慧教室成为建设热点。

智慧教室是基于物联网技术,集智慧教学、人员考勤、资产管理、环境智慧调节、视频监控及远程控制于一体的新型现代化智慧教室系统。该系统支持学习者基于自身能力与水平,兼顾兴趣,通过娴熟的运用信息技术来开展自助式学习。作为新一代信息技术和教育深度融合的产物,智慧教室从根本上改变了教师、学生、教学内容和教学系统四大要素之间的关系,为教与学提供了一个开放、高效、互动的智能化体验环境,其空间布局灵活多样、课桌椅设计符合人体工程学原理,网络感知和可视化管理也大大提升了学生的学习自主性和控制感。虽然针对智慧教室的实证研究还不多,但其个性化的学习方案、差异化的学习内容、自适应的学习模式以及实时互动的教学方式已经得到大家的认可。作为智慧的学习环境,智慧教室可以有效降低师生认知负荷,提高教与学的效率。

### （二）校园环境设计

学生进行有益于身心的文体活动和学习各种社会技巧，都是通过课外活动获得的，而课外活动涉及校园和操场。研究表明，儿童有 9％的课外活动是在学校进行的，因此，环境心理学家认为，这是儿童获得技能和知识必不可少的学习环境之一。校园植物的覆盖率、户外活动的面积、校园道路的尺寸、自然和人文景观的设计以及活动设施等校园和操场环境，均与儿童的参与性和身心健康关系密切。优美的校园环境，可以"以美怡情，以美启智"，一石一景都可以教化师生，淳朴的教风、学风可以净化人的心灵，特色课程（活动）的开展，可以丰富人们的生活和学习，视觉系统的统一则可以规范、规整地展示学校的特色。

校园环境的设计必须由富有科学性、前瞻性和基础性的规划来指导。通过规划，可以从整体上把握校园环境布局，科学地组织校园各个不同的空间，建立各景观要素间的有机联系。校园的每一幢建筑、每一个雕塑、每一个花坛、每一棵树木都应该形成一个特色，在师生心中打下深深烙印，并在以后很长的时间里都记忆犹新。

## 二、图书馆的设计

图书馆是供人们学习、查阅、丰富知识的地方，不仅要满足书籍杂志的存放、借还、桌椅摆放等功能的要求，更要极大地满足读者学习时的行为需求和阅读的心理状态。因此，从图书馆的外部设计、内部装修、桌椅书柜陈列、馆员的管理和服务方面，都应该从读者的行为需求和心理需求入手来设计。例如，在室内空间的形状、色彩和材质方面，应该考虑给人们简单通透的空间感和明亮亲切的色彩感：最大尺度利用空间，营造有包容力且富有变化的空间；色彩的表现力上要达到人的心理需求，即容易集中注意力。材质上的选择也要与图书馆的外观和总体基调匹配，自然材质可以使得图书馆氛围自然稳定,现代工艺加工的材质可以使得现代化的气息表现得更加突出。图书馆中充足的光源、良好的空气质量对于稳定人的情绪、心理状态,提高阅读效率和乐趣意义重大。

图书馆指示系统的建立和完善是关系到图书馆管理的一项重要工作,它不仅方便了用户利用图书馆,帮助他们更好地认识和掌握使用图书馆的技能,起到导航作用,也是图书馆管理理念的升华。从表现形式上,图书馆的方位和路标有纯文字说明、图示和图文并茂的形式,也有动态的多媒体动画路标,尤其是多媒体动画路标利用现代化的显示屏、投影、触摸屏等操作形式,设计出多种用途的方位指示工具,这种设计可以在图书馆有限的时空内,更清楚地展示较多的内容。

当前,很多图书馆的设计都只是标出关键的方位指导,而减少过于细节的路标指示。研究发现,使用特殊的色彩作为方位指示颇有成效。具体方法是在路标上,把不同的地方用不同的颜色表示;并且,在实际中每个地方也涂刷相应的颜色。这样无论读者身处何处,都能按颜色来寻找要去的地方。

随着经济和科技尤其是互联网技术的高速发展,图书馆作为信息获取的重要中介地位已发生变化,并被日益边缘化。其中一个就是"无纸图书馆",纸质图书馆将由纯电子介质信息所替代。另外,一些公共图书馆也面临着"困惑",很多年轻人会选择去买书而不是到图书馆借阅。对于信息时代下成长起来的学生而言,做作业时碰到问题首先求助于互联网而不是到图书馆查阅资料。这些变革对现代图书馆的设计提出了新的挑战,重新设计图书馆的定位和功能是一个值得思考的问题。

# 第三节　环境心理学在公共环境设计中的应用

公共环境是相对于室内环境来说的,主要指户外空间和场所,是多人区域及大中型广场的室外环境。人属于社会性的动物,需要进行各种各样的群体性实践活动,而这种活动一般需要相应的公共空间环境。空间环境的优劣对人的健康与人的活动都产生着较大的影响。所以,一定要重视公共环境的设计。为了设计出更加人性化,能更好地服务于人类生活和相关实践的良好公共环境,设计者完全可以引入环境心理学的相关研究内容,在道路交通、医院、购物环境、就餐等与人们生活息息相关的公共环境设计中将环境心理学合理应用。

## 一、环境心理学在道路与交通规划中的应用

在人们的日常生活中,交通出行是一项必不可少的活动。好的交通设计不仅能够减少意外交通事故的发生,提高人们出行的便捷程度,而且也能给人们带来好的心情;反过来,如果交通设计不科学合理,那么很容易引发交通拥堵,交通拥堵则很容易让人产生负性情绪。因此,为了促进城市的发展,提高居民的幸福指数,一定要从心理学的角度出发,作出科学合理的交通设计。

### (一)弯道、路口设计

#### 1.弯道设计

在道路上,有弯道是很正常的事情,但是这些弯道常常是交通事故的多发路段。弯道路段交通事故的易发往往与司机对弯道的前瞻性不足、驾驶技能的限制、可用视距缩短等因素相关联,同时,弯道的弯曲程度、弯道长度、路肩宽度、光照条件、路面状况也较大地影响着弯道交通事故的发生。所以,在设计弯道时,要避免过大的弯曲程度,同时在连续性弯道时减少不同弯道弯曲程度和长度的差异是有必要的。因为当遇到连续性弯道时,不同弯道弯曲程度的差异也会导致司机出现驶入弯道时的急剧减速行

为,此行为容易导致交通事故发生。此外,源于人类知觉的限制,很多用于减少交通事故的设计在某些情况下也会产生反作用:在限速为 80km/h 的公路上,虽然立柱的使用无形中可以对弯道起到一定的导向作用,但也会使夜间行车的司机在路过此路段时产生加速行为,进而增加夜晚该路段交通事故发生的频率;同样,当凸形铺面标物这种防止交通事故发生的设施使用在弯曲程度比较大的不分线公路或高速公路的弯道时,也会导致弯道路段更高的交通事故发生率。显然,充分考虑人类的认知因素是弯道设计中必须要重视的问题。

关于在进入弯道前的路段设立怎样的提示也一直是研究者们探讨的问题。有研究表明,在弯曲程度不大的路段,设立弯道警示标志比转向警示标志更为有效;而在弯曲程度比较大的路段,是否具有警示标志则变得关系不大。希尔顿对不同弯道警示标志(警示牌、雪佛龙舰板、重复方向指示箭头、齿纹标志带、人字形路面标志)的功效进行检验,发现在降低司机通过弯道时的速度方面,警示牌的效果并不显著,雪佛龙舰板则能显著降低司机的行车速度,而重复方向指示箭头在弯曲程度比较大的弯道才会表现出最佳的效果。此外,人字形路面标志则能显著改善车辆通过弯道时的车身位置。

### 2. 路口设计

路口,即道路会合的地方。在路口,交通事故发生的概率也是比较高的。为了降低路口发生交通事故的概率,人们发明了交通信号灯。如果人们都按照信号灯的指示行走或开车,路口交通事故的发生率就会降低很多,但人们往往高估快速前行所带来的价值,认为路口的等待在时间上是得不偿失的,就出现了闯红灯行为。为了减少闯红灯行为,同时降低路口交通事故发生率,在路口安装摄像头照相系统成为一个有效措施。不过,研究表明该装置也具有副作用,如遇到红灯时紧急刹车导致更多追尾事故的发生。我国存在绿灯结束时的倒数两秒闪烁,这种闪烁提示司机绿灯即将结束,给其更多的决策准备时间。虽然该设计能够降低人们闯红灯的概率,但同时也容易导致更多的追尾事故。因为对绿灯的闪烁不同人的理解和反应会有一定程度的差异,甚至同一个人在不同的时间点也会做出不同的选择:前行或停车。尽管这样,人们对绿灯倒数两秒闪烁这种设计还是有很高的支持率。这当然给了道路设计者一个提示,即在科学知识和大众认知中存在着一定程度的错位,在未来的设计中应更多地关注这一点。

### (二)道路整体环境设计

近年来,全世界的道路增长速度都很快,相应的道路整体环境设计的重要性也越来越凸显。一般认为,在道路两旁种植绿色植物可以缓解司机驾驶压力、减少交通事故的发生,同时也能够减轻交通噪声污染,而这种方式也被广泛应用于实践当中。另外,交通信号灯作为城市复杂道路系统的配套举措,设置的多少也很有讲究,不能太多也不能太少。交通信号灯太多会增加个体花费在路途中的时间,继而增加司机的负性情绪,同时使司机选择路线时采用"数量启发式"决策:哪条路上交通灯少走哪条路,即使交通灯多的一条更节省时间。这种情况不仅不利于出行者个人获得最优出行效率,同时也会使某一区域整体道路系统得不到最优配置。

至于交通标志,在设计时一定要注意容易理解这一特点。一般来说,好的交通标志应满足人因工程学里面的三个原则:一是符号和所表达的内容一致;二是具有熟悉性;三是规范标准。此外,在交通标志旁边添加简单文字注释也可以显著改善人们对交通标志的理解。

道路旁边的信息显示屏因内容呈现方式的不同会起到不同的效果:当呈现内容通过两种颜色双行显示时更容易引起人们的注意。这些都是充分考虑到了人的心理问题,是环境心理学在道路设计中的很好应用。

## 二、环境心理学在医院设计中的应用

在大多数人的观念里,医院就是一个看病或治病的地方。其实,在早期,医院并非是一个专门服务病人的场所,而是一所供朝圣者、旅客或陌生人临时休息和放松的地方。在文艺复兴时期,医院的治疗功能才凸显出来,这一功能要求医院在设计中营造健康的环境,如良好的通风和卫生条件。随着医学的不断发展和社会服务的不断完善,针对疾病的治疗逐渐成为医院的主要功能,进而发展成为我们现在所看到的医院。现代医院产生以来,在医院整体环境的设计理念上存在着一个逐渐转变的过程:从最开始"以疾病为中心"到"以病人为中心",进一步发展为"以人为中心"。这其实是一个科学化、人性化的发展过程,其突出了病人本身相关需求的重要性。它使得医院设计者在设计医院的时候,将充分考虑医院这一环境中人的心理需求和社会性需求,将其作为重要的设计原则。环境心理学在医院设计中的应用就主要通过这一原则体现出来。以下谈谈就诊空间、候诊空间和病房的设计。

### (一)就诊空间设计

就诊空间主要指诊室内部空间及通往诊室的交通空间部分。这是医生对患者进行诊疗的地方,所以诊室的设计需要具有一定程度的私密性,同时要有助于营造医患之间的信任关系,减轻患者可能具有的恐惧和焦虑情绪。那么,在设计过程中要注意,诊室宜小不宜大,以便更好地满足患者私密性的需要,同时相应物体的排放应整齐有序,条理清晰,加深患者对医生专业性的知觉,进而减少患者的疑虑。在桌椅的配置方面,选择那些表面平滑的桌椅有助于良好医患关系的建立。由于对医疗人员严谨态度的要求,所以,桌椅又不能太柔软。此外,为了吸引患者的无意注意,减轻其诊疗过程中的可能疼痛与焦虑,可以在桌子上放置盆景或在患者诊疗过程中视野可及的墙壁上张贴壁画。

### (二)候诊空间设计

候诊空间的设计一定要注重秩序性,无秩序的候诊空间会使人们变得急躁、焦虑,具体表现为,在候诊人数比较少时,容易使人们站队散乱,队形随意;而在人数比较多时,则可能出现排队拥堵不前的情况。在具体的实践中,常见的候诊方式有线性候诊和集中候诊两种,因此针对线性候诊可以在候诊空间中布置护栏、扶手等设施以使空间产生秩序;针对集中候诊则需要明确划定候诊区域,同时通过座椅的安放提供秩序空间。

在候诊空间的整体环境设计上,光照、通风、噪声等因素都要充分考虑,同时在候诊空间内放置一定的装饰物,如电视、电子显示屏、绿色植物或医院的宣传展示材料,以便弥补候诊者等待时间的空白,缩短人们的时间知觉,进而缓解候诊者的压力和焦虑。关于室内的着色,可以综合运用多种颜色,亮色可以对心情阴郁的候诊者和老人起到一定的安抚效果,浅蓝色则对人具有普遍的镇定作用。在座椅等与候诊者直接接触的设施的材质选择上,宜选取那些柔软的自然材质,延长人们对时间的忍耐力,也可以降低室内噪声以保证室内的听觉环境舒适度。另外,候诊空间的座椅放置可采用聚合、分散等多种形式,一方面满足那些渴望独处的候诊者,另一方面也能为喜爱聊天交往的候诊者提供条件。总的来说,候诊空间需要以能为候诊者带来家一般的感觉为目标,对候诊空间进行适宜的装饰,如建构良好的照明环境、在周围的墙壁上张贴艺术画作,进而带给候诊者温暖亲近的体验。这样的环境才能让候诊者体验到更高的满意度、更少的压力和更低的负性情绪唤醒水平,医患关系才可能更好。

### (三)病房设计

在病房设计过程中,健康是一个基准考量。鉴于这一点,良好的通风设备就显得尤为必要。研究已表明空气中的真菌浓度同空气湿度、温度有密切联系,这就需要在病房中设立良好的空气过滤设备,如高效空气过滤器(HEPA),以防疾病通过室内空气传染。而这种空气传染的可能性同样受到病房类型的调节:相比单人病房,多人病房内的病人有更高的医源感染率。所以医院要权衡多方因素,尽可能多地设立单人病房。

在病房设计中,第二考虑的重要因素是噪声。噪声过大一方面会对患者的睡眠和情绪产生负性影响,进而损害病人的治疗和康复;另一方面也会令医务工作者产生压力感、疲劳、职业倦怠,不利于形成良好的医护环境。因此,可以在病房的设计中采用隔音建筑材料以减轻相关影响。类似地,病房中应避免出现难闻的味道,同时具有充足的照明条件,并在室内装饰的用色上采用能稳定人情绪的同时有助于睡眠并能给人以希望的浅色搭配,如蓝色和绿色。此外,医护工作者的值班室应该邻近病房,也可通过单向玻璃直接同病房相隔,以方便及时了解病人相关情况。在病房中除了陈列必要用品外,应尽可能多地提供一些丰富的刺激源,如壁画、让人感觉温暖的文字。病房还应为病人家属提供空间并创造必要的条件,同时考虑到"自我控制感"对康复所起到的积极作用,病房中相关设施的使用应尽可能在不产生负性影响的情况下可以由病人自己控制。

## 三、环境心理学在购物环境设计中的应用

购物与人们的生活息息相关。营造更为便捷和舒适的购物环境,既是社会发展的必然要求,也是提高人民生活水平的一项重要内容。设计更好的购物环境,才更有可能在众多竞争中脱颖而出,吸引更多的顾客。有关研究指出,人们在选择购物场所时主要考虑以下几个因素:商品本身的因素,如是否有自己需要的品牌;距离因素;娱乐性,如相关服务设施是否完善;商场内部是否布局清晰,方便顾客定向和寻找对应商品;内部设计的舒适性。显然,在购物场所的具体设计过程中,上述因素应充分考虑。

设计购物环境时,充分考虑不同群体同样很重要。总体来看,女性出入商场的次数更多,同时她们具有更多的娱乐性购物:到商场转一圈,并不一定购买商品。关于此现象,除了社会性因素解释外,研究者认为进化因素也起着一定的作用:在人类进化过程中曾长期处于男性狩猎、女性采集的生存模式,这进一步导致男女心理机制的差异,表现之一就是在对物体的搜寻上,男性更依赖空间几何关系,女性则更依赖视觉线索,这会对商场的标志方式产生一定的影响。儿童是另外一个不容忽视的群体,他们与成人不同,对商场内部趣味性要求更强,同时不同性格特点的儿童有着不同的购物方式和购物需求。例如,那些更为外向的儿童常常更喜欢到商场购物,他们往往有很强的社交愿望,这会间接影响他们对购物环境的要求。老人是另外一个需要关注的群体,相比年轻人,他们往往需要更多的个人关注、关怀和更多的尊重,在环境设计上可以通过诸如老年人通道和室内标语的方式来满足其需要。此外,针对游人,要突出地方特色,同时商品要设置一定的砍价空间,这样会让游人产生更高的满意度;而对外来流动人口聚集的区域,应设置一些全国连锁型商场。对于流动人口来说,在陌生的环境下,到熟悉的购物环境购物不仅是他们的首选,同时该行为本身也可以缓解异地带来的焦虑。

## 四、环境心理学在就餐场所设计中的应用

如今,吃饭不再是仅仅填饱肚子这么简单,还有享受、社交等体验性消费成分在里面。所以,人们对就餐环境的要求越来越高。相关研究显示,一个就餐场所能否吸引并留住顾客,取决于其本身提供食物的质量、服务质量、就餐场所环境、价格的合理性等多种因素。其中,就餐场所的环境涉及场所内部的色彩使用、声光条件、内部装饰、布局等因素,而之所以这些物理环境能够影响人们对购物场所的选择,是因为适宜的物理刺激组合可以提高个体的唤醒水平和积极情绪体验,使其产生更高的就餐满意度,

并进一步影响个体的认知。一个人进入一个就餐场所最先知觉到的往往就是其整体环境,这种知觉进一步影响之后的互动性体验(场所服务因素),进而影响个体对场所整体就餐价值的评价,而该评价往往同餐饮企业能否留住客人及其品牌塑造密切相关。

　　在就餐场所具体设计过程中,除了让人感觉舒适的声、光、装饰的设计,还要注意相邻桌椅距离安排时个人空间的保护。每个人都有属于自己的个人空间,当陌生人与自己的距离过近时,个体就会感觉不舒服,产生回避反应,具体表现为快速离开所处环境,同时也会对该场所产生负性评价。此外,不同性别的个体对个人空间的要求具有一定程度的差异:相比男性,女性更不愿意接受陌生人之间过近的距离;而就餐情境同样在其间起到调节作用,如处于恋爱中的情侣进餐时需要更为私密的空间。这就需要就餐场所根据自身特点进行合理设计,提供更为优质的服务。另外,就餐的功能性环境设计正在逐渐凸显,如有研究者提出"社交就餐环境设计",把就餐时沟通交流的促进作为环境设计的一个着眼点,指出单色与昏黄的照明、普通的装饰环境设计最利于关系亲近个体就餐时的沟通。

# 参考文献

[1]《创新家装设计图典》编写组.创新家装设计图典.第 2 季.卧室书房[M].2 版.北京:机械工业出版社,2015.

[2]蔡俊.噪声污染控制工程[M].北京:中国环境科学出版社,2011.

[3]蔡凯臻,王建国.安全城市设计:基于公共开放空间的理论与策略[M].南京:东南大学出版社,2013.

[4]陈京炜.游戏心理学[M].北京:中国传媒大学出版社,2015.

[5]陈庆伟,等.光照对社会心理和行为的影响[J].心理科学进展,2018(6):1084.

[6]谌凤莲.环境设计心理学[M].成都:西南交通大学出版社,2016.

[7]崔冬晖.居室空间设计[M].沈阳:辽宁美术出版社,2014.

[8]戴天兴,戴靓华.城市环境生态学[M].北京:中国水利水电出版社,2013.

[9]樊玉光,林红先.环境保护与管理[M].西安:西北工业大学出版社,2014.

[10]方艳.环境监测技术应用[M].上海:上海人民出版社,2016.

[11]冯婧微.环境形势与政策[M].北京:中国环境科学出版社,2016.

[12]高晋占.电子噪声与低噪声设计[M].北京:清华大学出版社,2016.

[13]高希中,李宇彤.品·尚空间:卧室、卫浴实用设计解析

［M］.北京:机械工业出版社,2012.

［14］胡正凡,林玉莲.环境心理学:环境—行为研究及其设计应用［M］.4版.北京:中国建筑工业出版社,2018.

［15］胡正凡,林玉莲.环境心理学［M］.3版.北京:中国建筑工业出版社,2012.

［16］环境保护部,国家质量监督检验检疫总局.社会生活环境噪声排放标准:GB 22337—2008［S］.北京:中国环境出版社,2008.

［17］黄贺.组织行为学——影响力的形成与发挥［M］北京:经济管理出版社,2015.

［18］济宁市环境科学学会.环境污染与治理［M］.济南:山东科学技术出版社,1990.

［19］亢碧娟,盛爱萍.预防医学［M］.武汉:华中科技大学出版社,2013.

［20］黎建新.消费者绿色购买研究:理论、实证与营销意蕴［M］.长沙:湖南大学出版社,2007.

［21］刘克锋,张颖.环境学导论［M］.北京:中国林业出版社,2012.

［22］刘绮,潘伟斌.环境监测教程［M］.2版.武汉:华南理工大学出版社,2014.

［23］罗德红,李志厚.课堂教学与管理艺术［M］.北京:中国言实出版社,2014.

［24］全治平.财产所有的自然性质［M］.广州:岭南美术出版社,2007.

［25］上海市环境保护宣传教育中心.环境保护宣传指南［M］.上海:上海科学普及出版社,1991.

［26］申黎明,等.人体工程学［M］.北京:中国林业出版社,2010.

［27］司马法良.自然密码——环境生态与气象［M］.郑州:河南人民出版社,2015.

[28]苏彦捷.环境心理学[M].北京:高等教育出版社,2016.

[29]孙丽.生态学基础[M].天津:南开大学出版社,2006.

[30]孙时进,王金丽.心理学概论[M].上海:复旦大学出版社,2012.

[31]孙淑波.环境保护概论[M].北京:北京理工大学出版社,2013.

[32]滕瀚,方明.环境心理与行为研究[M].北京:经济管理出版社,2017.

[33]王晨光,盛宪讲.室内设计[M].成都:四川大学出版社,2014.

[34]王宏印.现代跨文化传通:如何与外国人交往[M].天津:南开大学出版社,2012.

[35]王绪池,张国光.校长与学校总务[M].保定:河北大学出版社,2012.

[36]吴建平.生态自我:人与环境的心理学探索[M].北京:中央编译出版社,2011.

[37]徐磊青,杨公侠.环境心理学[M].上海:上海同济大学出版社,2002.

[38]许亮,董万里.室内环境设计[M].重庆:重庆大学出版社,2003.

[39]杨赉丽.城市园林绿地规划[M].3版.北京:中国林业出版社,2012.

[40]杨西文.人体工程学与建筑环境设计[M].西安:陕西人民出版社,2009.

[41]余国良,王青兰,杨治良.环境心理学[M].北京:人民教育出版社,1999.

[42]苑春苗,栾昌才,李畅.噪声控制原理与技术[M].沈阳:东北大学出版社,2014.

[43]曾贤刚,虞慧怡,刘纪新.社会资本对生态补偿绩效的影响机制[M].北京:中国环境出版社,2017.

[44]张朝晖,等.冶金环保与资源综合利用[M].北京:冶金工业出版社,2016.

[45]张淑兰,张海军.环境污染防治的监测技术研究[M].北京:中国纺织出版社,2018.

[46]张晓华.家庭实用装修[M].太原:山西经济出版社,2008.

[47]张学民.实验心理学概论:心理与行为科学研究方法入门[M].北京:首都经济贸易大学出版社,2010.

[48]张媛.环境心理学[M].西安:陕西师范大学出版社,2015.

[49]张志颖.商业空间设计[M].长沙:中南大学出版社,2007.

[50]赵肖丹,宁妍妍.园林规划设计[M].北京:中国水利水电出版社,2012.

[51]周新祥,于晓光.噪声控制与结构设备的动态设计[M].北京:冶金工业出版社,2014.

[52]朱丹.人体工程学[M].北京:中国电力出版社,2014.

[53]朱建军,吴建平.生态环境心理研究[M].北京:中央编译出版社,2009.

[54]亚伦·皮斯,芭芭拉·皮斯.身体语言密码[M].王甜甜,黄佼译.北京:中国城市出版社,2014.

[55]斯特格,范登伯格,迪格鲁特.环境心理学导论[M].高健,于亢亢,译.北京:中国环境出版社,2016.

[56]保罗·贝尔,等.环境心理学[M].5版.朱建军,吴建平,等译.北京:中国人民大学出版社,2009.

[57]迈克尔·阿拉贝.天气的历史——那一年天气怎样[M].刘红焰,译.上海:上海科学技术出版社,2014.

[58]Stevan E. Hobfoll. *Conservation of resources：A new attempt at conceptualizing stress*[J]. American Psychologist, 1989(3):513.

[59]John B. Calhoun. *Population density and social pathology*[J]. Scientific American. 1962(2):139.